处世

用智慧打开人生之门

青春励志系列

陈志宏 ◎ 编著

延边大学出版社

图书在版编目（CIP）数据

处世：用智慧打开人生之门 / 陈志宏编著 . —延吉：延边大学出版社，2012.6（2021.10 重印）
（青春励志）
ISBN 978-7-5634-4860-9

Ⅰ.①处… Ⅱ.①陈… Ⅲ.①人生哲学－青年读物 Ⅳ.① B821-49

中国版本图书馆 CIP 数据核字 (2012) 第 115148 号

处世：用智慧打开人生之门

编　　著：陈志宏
责任编辑：林景浩
封面设计：映像视觉
出版发行：延边大学出版社
社　　址：吉林省延吉市公园路 977 号　邮编：133002
电　　话：0433-2732435　传真：0433-2732434
网　　址：http://www.ydcbs.com
印　　刷：三河市同力彩印有限公司
开　　本：16K　165 毫米 ×230 毫米
印　　张：12 印张
字　　数：200 千字
版　　次：2012 年 6 月第 1 版
印　　次：2021 年 10 月第 3 次印刷
书　　号：ISBN 978-7-5634-4860-9
定　　价：38.00 元

版权所有　侵权必究　印装有误　随时调换

前 言

华人首富李嘉诚先生说："要想取得成功，首先要懂得做人的道理，因为世情才是大学问。世界上每个人都精明，要令人家信服并喜欢和你交往，那才是最重要的。"

由此可见，一个人可以缺乏学问，可以没有文凭，但不能不具备为人处世的智慧。一个人能取得多大成就，说到底，取决于他是否具备做人和处世的智慧。古往今来，历史上的成功人士和伟大人物无不是人生智慧的实践者。许多人终其一生，即使在老年领悟透了人生的大道理，亦能有所成就。所谓朝闻道，夕死可矣。

可以说，为人处世是一门学问，也是一种智慧。只有拥有这种学问、具备这种智慧的人，才能懂得如何待人接物，也更容易在社会上立足，这样不仅能赢得人心，收获友谊，取得成功，还能获得内心的安宁与淡定，成为生活的智者和强者。

此书精选了古今中外多位名人的处世故事和处世心得，旨在帮助读者体会和学习他们的处世智慧，并将之融入我们日常生活的一言一行，用这些智慧打开我们的成功之门。

我们希望读者通过阅读本书，可以收获自己想要的为人处世智慧，提升自己的修养，陶冶个人情操，从而对自己的人生产生一定的影响。

目录

第一篇　会做人才会处世

把握住乐观的心态	2
用平和的心态对待他人	4
贪欲是人生的大敌	6
聪明本无罪，恃才要量力	9
相信自己才是最优秀的	11
自知者明，自胜者强	15
俭是修身之本	16
耻得不义之财	18
君子欲而不贪	19
见小利思大害	20
相信你的潜力是无穷的	22
执著于一个目标	24
脚踏实地地生活	27
全力以赴地去做	29
"小聪明"并不能让你得到更多	30
锻造个人魅力，打通人脉圈	32
本色做人可以广交朋友	34

第二篇　人无信不立

诚信是最精明的处世方式	38
一诺千金是美德	40
受人之托应尽自己责任	42
诚信者成大事	43
言而不信，不知其可也	45
讲诚信就是讲原则	48
朋友相交，贵在诚信	49
诚实不欺是立业之本	51
信誉是不变的承诺	52
凡事因信而成	54
请勿轻率许诺	56
信用是用来做事的	58
落井下石不可为	59

第三篇　活用人情巧办事

存储关爱，收获快乐	62
不要轻率断定一个人的品质	63
审视变化，因人知事	65
和稀泥两面圆场	66
用眼泪泡软对方	68
借力办事须巧妙应酬	69
掌握好"毛遂自荐"的机会	71
与人为善才能于己为善	73
善待他人也有益自己	75
直面他人的批评	77
不要对别人妄加评论	79
避免同别人争论	80

利用"近贴术"让人无法拒绝你　　　　　　　　82
利用边缘人物疏通对方关节　　　　　　　　　86
充分发挥"关系网"的作用　　　　　　　　　　89

第四篇　包容是一种生活智慧

宽可容人，厚德载物　　　　　　　　　　　　92
大肚能容天下事　　　　　　　　　　　　　　93
君子不计小人过　　　　　　　　　　　　　　95
宽容他人就是释放自己　　　　　　　　　　　97
容人之人方被人容　　　　　　　　　　　　　98
宽容能让你活得更轻松　　　　　　　　　　100
容人之过，方显大家本色　　　　　　　　　101
以宽容之心度他人之过　　　　　　　　　　103
得理也要让三分　　　　　　　　　　　　　105
少些抱怨，多些感恩　　　　　　　　　　　106

第五篇　用低调演绎精彩人生

低调是为人处世的基本原则　　　　　　　　110
低调是强者最好的外衣　　　　　　　　　　111
低调做人是为人处世的基本姿态　　　　　　112
不要被无聊的事牵扯你的宝贵精力　　　　　114
先潜下心来，后伸出手去　　　　　　　　　116
从卑微处起步更益于立身　　　　　　　　　119
不显眼的花草少遭摧折　　　　　　　　　　120
甘于卑微，自成尊贵　　　　　　　　　　　122
适当用一点"缓兵之计"　　　　　　　　　　124
弯下腰身更利于前行　　　　　　　　　　　125
低头弯腰保护自己　　　　　　　　　　　　128

忍者无敌 129
生活有时需要无为的态度 130
小节隐忍才能大事精明 132
怀才不遇更需等待 134
做人要圆融通达，善于藏巧于拙 137

第六篇　合作才有竞争力

成功是善于与人合作的结果 140
学会借势 142
以最小的代价换取最大的收获 145
责任明确，各负其责 146
消耗个体能量，保存团队实力 149
雪中送炭胜过锦上添花 151

第七篇　会说话才会受欢迎

说话不仅要懂技巧，还要有好心态 156
说服他人讲究方法，不必喋喋不休 158
用事实点拨对方 160
把握言行的分寸 161
关键时刻显神威 163
说话要分清场合 164
不要把话说得太满 166
妙用类比，给对方心灵以触动 169
点拨关节话往对方要害处讲 171
对上司批评的话要说得巧 173
让对方感觉到"都是为我好" 177
夸夸其谈的人不可爱 180
小心！言多必失 181

第一篇

会做人才会处世

把握住乐观的心态

　　人生在世，难免都会遭遇不如意，人际紧张、事业不顺、情场失意，这些变故也许就在不经意间闯入人们生活，虽然它们备受人类厌恶，但是仍有一些人可以笑着迎接它们的到来，在变故面前保持着乐观的心态。面对这些生活上的不如意，你是否也能够做到泰然处之、临变不惊、处变不乱呢？乐观的生活态度便是生活的阳光。如果你能够乐观地面对生活中的变故，那么无论遇到什么挫折，你的生活也一定都是灿烂的。但是如果你发觉自己的生活总是被阴霾笼罩，那说明你还没有学会真正的乐观，是你的负面情绪阻挡了快乐的到来。

　　著名发明家贝尔曾费尽大半生的财力，建立了一个庞大的实验室。但是不幸的是，一场大火将他的实验室化为灰烬，造成了严重的损失，他一生的研究心血几乎都付之一炬。

　　当他的儿子在火场附近焦急地找到父亲时，他看到已经67岁的父亲居然一个人静静地坐在一个小斜坡上，看着熊熊大火烧尽一切。

　　贝尔见儿子前来找他，突然扯开喉咙叫儿子快去找他的妈妈来："快把她找来，让她也看看这场难得一见的大火！"

　　大家都认为大火可能对贝尔造成了严重的打击，精神有些失常了。但是贝尔却说："大火烧尽了所有的错误。感谢上帝，我又可以重新开始了。"

　　没多久，贝尔的新实验室就又建立起来了。时至今日，贝尔实验室已经成为科学家的摇篮。

　　不幸的故事一直在发生，但是在不同人的生活中，却呈现出不尽相同的结果。有些人能在不幸的阴霾背后看到阳光，用坚定、乐观的目光追逐幸福的方向。有些人却因为不堪打击而捶胸顿足、痛不欲生、以泪洗面，并一蹶不振、日渐委靡，成为不幸的奴仆，在苦难中自甘堕落。悲观思想引发的负面情绪，让他们深陷于对人生的困惑中无法自拔。

　　没有什么苦难比乐观的心态更强大，没有什么不幸比快乐的情绪更具有召唤力。乐观不仅是一种生活态度，也是一种涵养，更是一种对人生的领悟和透视，一种主导人生航向的坐标，一种生活的智慧。用乐观的心态与命运抗衡，那么一切都会被我们画上积极的色彩，使我们成为主导快乐的主体，引导人生驶向快乐的彼岸。

把握住乐观的心态，我们也就把握住了人生的快乐航向，即便人生有再多风浪，也会因有快乐护航而越显美好。那么在现实生活中，我们应该如何培养自己的乐观心态，从而使自己免受负面情绪的影响呢？

一、把目光锁定在积极的层面上

在生活中，有些人之所以会表现出负面情绪，是因为他们将注意力过多地放在了那些令他们不愉快的事情上。当你受到不公平待遇时，你是否将注意力都集中在了对得失的关注上？当你遭遇所谓的苦难或不幸时，你是否将目光都锁定在那些令你痛苦的感觉上？如果你总是关注事物消极的一面，那么你便会被一系列的负面情绪所包围，很难会有轻松快乐的时候。

任何事物都有正负两面，当你将目光放在那些正面因素上时，你便已经开始锁定快乐了。在遭遇不如意时，你应该努力寻找其中的正面因素，并持续关注它们，建立积极快乐的情绪，以此击退那些负面情绪，逐渐摒弃它们对你的影响。

二、在知足中寻找快乐

整日眉头紧锁的人，常常是那些追求尽善尽美的完美苛求者，因为无法获得令自己满意的现状，所以他们总是被负面情绪所困扰。欲望所带来的压力，总让他们关注那些自己未能得到的东西，他们总是为此郁郁寡欢。是无穷的欲望，让他们丧失了快乐。

懂得知足，才不会被欲望左右，才能因为自己所拥有的而感到快乐。乐观的人不会因为人生的失去而悲伤痛苦，知足的心态，常常令他们为自己所拥有的一切而欢呼、快乐。将自己置身于人生所拥有的一切当中，你便会被快乐所包围。

三、不做人生的苛求者

俗话说："难得糊涂。"在生活中，那些乐观者往往都是不计较、不挑剔的"憨厚"人，因为这类人不会将注意力放在对是非分明的过分纠缠上和对人生缺陷的不满上，所以他们总是生活得很快乐。

凡事不要过于挑剔，完美总是可望而不可求的，世界上没有完美的东西，你应该多去注意自己所拥有的，努力使自己的人生更美好，但绝不挑剔、指责和抱怨，以这样的态度去生活，你便会变得快乐而积极，成为主导自我快乐人生的主人。

四、学会转移痛苦

人生莫测，是苦是乐都需要勇敢面对，泰然接受，但是接受并不是终点，除了积极行动起来扭转现状之外，有时也需要自我疗伤。对于不佳情绪的处理，我们可以使用自我意识改变的方法，也就是自我暗示，但是有时候，有些人往往无法清晰感知这种自我暗示的力量，所以如果你发觉情绪因生活而动荡不安、无法扭转时，不如将一些美好的事物带入情绪中，驱赶那些不良情绪，转移自己的情绪，以获得心灵的放松。

如听一些优美的音乐、看几场有趣的电影、同好朋友一同出外旅游、写写日记、听听相声，或是到健身房做做运动，通过外界事物的力量，让自己的注意力从那些不愉快的事物上转移开来。

五、懂得适时屈就

对于人生中的困境，我们往往会倔强回击，希望以此击退其对自我的干扰，但是有时现实却并不会因此而做出丝毫让步。此时唯有更改面对现实的态度，才能脱离不安情绪，唯有改变心境才能看到另一片晴朗的人生场景。

用乐观的心态去面对生活，带着快乐的心境欣然接受一切，对现实做一些小小的让步，放弃那些所谓的"负担"，那么即便它再艰苦，我们也不会为此而沮丧至极。

我们不仅要学会面对和改变，同样也要学会适时地屈就。一时的屈就并不等于懦弱，更不是悲观的表现，而是一种前进的智慧。放下生活中的那些不如意，是为了把更多的精力放在如何改变现状上，避开负面情绪的干扰，我们的人生之路才能畅通无阻，一路向前。

人生感悟

开朗的性格不仅可以使自己保持愉悦，而且可以感染周围的人，让生活充满光明。

用平和的心态对待他人

生活中所有的烦恼，都来源于人们内心的躁动。内心躁动的人遇事不

冷静，且没有耐心，他们只会把事情越弄越糟；心态平和的人心胸宽阔，不会为了小事斤斤计较，在面对困难时能保持冷静的头脑，从而运用理性思维，阻止事态的恶性发展。

　　清廷派驻台湾的总督刘传铭，是建设台湾的大功臣，台湾的第一条铁路便是他督促修建的。而当初之所以任用刘传铭，其中还有一个发人深省的小故事：

　　当李鸿章将刘传铭推荐给曾国藩时，还一起推荐了另外两个书生。曾国藩为了测验他们三人中谁的品格最好，便故意约他们在某个时间到曾府去面谈。可是，到了约定的时刻，曾国藩却故意不露面，让他们在客厅中等候，自己在暗中仔细观察他们。只见其他两位都显得很不耐烦，不停地抱怨；只有刘传铭一个人安安静静、心平气和地欣赏墙上的字画。后来，曾国藩考问他们客厅中的字画，只有刘传铭一人答得出来。结果，刘传铭被推荐为台湾总督。

　　生活中的烦恼，大多来自一些微小的事情，这跟我们的心态是分不开的。如果我们无法改变自己的心态，就会感到困惑、茫然和费解。于是就会身心俱疲，苦恼不堪！其实，很多的烦恼用不着煞费苦心去改变它，那是费力不讨好的愚笨方法。真正的智者，是学会调适自己的心态，使自己能够用平和的心态去对待他人。这样，那些所谓的烦恼，也就会烟消云散。

　　一天，在某外企工作的大林与妻子吵了架。妻子一气之下独自转身进了卧室，并将房门从里面反锁上。

　　大林想回卧室却打不开门，便"砰砰砰"地敲门。

　　妻子在里边故意高声喝问："谁？"

　　大林回答："快给我开门！"

　　妻子在里面更生气了，既不开门，也不说话，只是用沉默来抗议他。

　　大林见保姆正注视着自己，不觉脸上一红，改用轻轻地敲门。

　　里边问："谁？"

　　"我。"大林回答。

　　里边依然没有动静。

　　大林无奈，只得再次举手敲门。

　　里边问："谁？"

　　大林温柔地对里面说："你亲爱的丈夫。"

这回，门马上开了。

其实，夫妻之间吵架本来是生活中极为平常的事，但许多夫妻在吵完架后，却不知道用平和的态度去化解分歧，握手言和。久而久之，便会产生更多误会，更多烦恼，甚至走向决裂的地步。夫妻之间吵架，不论谁对谁错，吵完之后，只要我们能用平和的心态面对一切，烦恼与不快便会烟消云散。如果我们执意坚持自己的观点，用近乎狂傲的态度去对待对方，那么收获的烦恼肯定多于快乐。

人生感悟

烦恼是一种心绪，它无处不在，无处不侵；烦恼是一杯苦酒，它伤害灵，伤害灵魂，伤害身体。但是，只要你心态平和，烦恼便无处立足。

贪欲是人生的大敌

"贪财日餐，贪食日臀。"从古到今，贪欲一直是人最大的祸患之一。

看到别人赚钱，自己也想发财，这是正常的现象。见到利益，每个人都想得到多些，而且嫌少不嫌多，这也是人们共有的心理。但是，君子爱财，取之有道，人切不可有贪婪之心。居家过日子的人如果过于贪，他就很难开心起来；身为官员，如果有了贪的习惯，那么他的政治前途就将会丧失；生意场中，一个人如果太过贪心，那么他很快就会败下阵来，身处孤立的境地。

春秋时期，晋国想吞并邻近的两个小国——虞国和虢国。但是，这两个国家之间一直都维持着一种坚不可摧的互帮互助关系。如果其他的国家来侵袭虞国，虢国便会出兵进行救援；而若别国侵犯虢国，虞国也不会坐等观望，必定会出兵相助。

这一切，令对虞、虢两国垂涎已久的晋献公坐卧不安。这时大臣荀息献上一计，他说："要想攻占这两个国家，必须先要离间他们，使他们互不支持。虞国的国君贪得无厌，我们正可以投其所好。"他建议晋献公拿出心爱的两件宝物，屈产良马和垂棘之璧，送给虞公。晋献公一听，他哪里肯舍得。荀息说:"大王放心,只不过让他暂时保管罢了,等灭了虞国,一切不都又回到你的手中了吗?"晋献公觉得十分有道理,于是依计而行。虞公得到了良马和美璧,高兴得合不拢嘴。

此后,晋国又故意在晋、虢边境制造事端,找到了伐虢的借口。晋国要求虞国借道让晋国伐虢,虞公得到了晋国的好处,只得答应。

具有远见卓识的虞国大夫宫之奇,早就看清了晋国的险恶野心。宫之奇劝阻虞公说:"虢国是虞国的外围,虢国灭亡,虞国一定跟着亡国。对晋国不可启发它的野心,对入侵之敌不可漫不经心。俗话所说的'车子和车轴互相依傍,嘴唇丢了牙齿就受凉',那就是说的虞、虢两国的关系。"

但是虞公太贪心了,他舍不得屈产良马和垂棘之璧,根本听不进去宫之奇的话,强行答应了晋国使者借路的要求。无奈之下,宫之奇只好带领他的家人逃出了虞国,并且临走时还留下一句话:"虞国过不了年终大祭了,就这一次借道之行,晋国便可不用再出兵了。"

晋国大军通过虞国道路,攻打虢国,很快就取得了胜利。班师回国时,把劫夺的财产分了许多送给虞公。虞公更是大喜过望。这时,晋军大将里克开始装病,称不能带兵回国,暂时把部队驻扎在虞国京城附近,虞公对此也是毫不怀疑。

几天之后,晋献公亲自率领大批军队来到虞国,一向卑躬屈膝的虞公急忙出城相迎,相约前去打猎。可是,他们刚走了不一会儿,虞公就看到他的京城上空狼烟四起。虞公调头赶到城外,只见京城早已被晋军里应外合强占了。就这样,晋国轻而易举地灭了虞国和虢国。

人是有欲望的动物,人类社会文明的产生与发展,其动力主要来自人们对物质利益、精神需要的欲望和追求。但是,欲望过度就成了贪欲,不择手段地追求贪欲就成了难以驯服的猛兽,贪欲最终要变成开启地狱之门的钥匙。

曾有一位四处云游的隐士信步走在山路上,看见路旁草丛中发出闪烁不定的光芒。他走近一看,是一块鹅蛋大小的宝石。隐士看着有趣,顺手将宝石捡了起来,放在自己的行囊中,继续他的旅程。

几天之后,隐士在森林中迎面遇上一个疲惫的旅人,隐士看那人风尘仆仆,脚步蹒跚,便好心地打开行囊,拿出一些干粮来分给他吃。旅人余光一瞥,望见了隐士行囊中的那颗宝石。在吃完干粮之后,他便开口要求隐士，是否能将那块宝石借给他看一看。

隐士毫不迟疑地从行囊中掏出宝石，微笑道："不要说看一看，就是送给你也没问题啊！"旅人一听，大喜过望，连忙伸手接过宝石，道谢之后，便和隐士分道扬镳，继续赶路。

旅人边走边想，有了这一块价值连城的宝石，自己的下半辈子可就再也不用发愁了，脸上不由得露出了心满意足的笑容。

可是，过了几个小时之后，隐士忽然听到身后有人不停地叫他。他停下脚步，原来是刚才的那个旅人。隐士摊了摊手，笑道："如果你还要宝石，我可是没有了！"旅人气喘吁吁地赶到隐士面前，将那块宝石还给了他，说道："大师，我可不可以斗胆地再向您要求一些更宝贵的东西？是什么样的力量驱使你，愿意将这块价值非凡的宝石送给我？我想要的是你的那种力量，能不能送给我？"

原来，这位行走于世的旅人已经醒悟，匆匆赶回来向隐士请求神秘的力量。其实，这种力量就是宇宙间最大的一股力量，是能够克服一切诱惑的最大动力。

贪欲能使人由高尚变为卑鄙，由清廉变为贪婪，由善良变为凶恶。古代的有识之士在做人问题上，主张"淡泊明志""宁静致远"是十分有道理的。少些物欲，会使精神富有；看淡名利则能增强心理承受能力；不计较个人得失就会有一个平和的心态。若总是感到自己职务低、收入少，进而想方设法地捞钱，必然会引火烧身。

常言道：欲壑难填。人一旦利欲熏心，就难免利令智昏，将法律制度置于脑后，腐化堕落，以致葬送自己的前程乃至性命。前车之辙，后车之鉴。无数的教训告诫我们，贪图金钱、权力、美色，只会滑进腐败之门，踏上不归之路。

因此，每一个人务必要克服自己的贪心，在如今这个物欲横流的社会要学会克制自己的欲望，这些都是我们每个人应该掌握的本领。

人生感悟

的确，金钱可以带给我们物质享受，让我们生活得更好。然而，金钱却并不是我们一生可以依傍的东西。一夜暴富和一夜间倾家荡产的例子不在少数。而真正可以让我们一生依傍的只有美好的品性、知识和才干。

聪明本无罪，恃才要量力

三国时期，杨修担任丞相曹操的主簿。

一次，工匠们建造丞相府的大门，刚开始架椽子，曹操便亲自前往观看。之后，曹操在门上写了一个"活"字，就离开了。杨修看见了，立刻命工匠把门拆了。拆完后。他说："门里加个'活'字，是'阔'字。魏王这是嫌门太大了。"

还有一次，有人送给曹操一杯酪。曹操吃了一点，就在盖子上题写了一个"合"字给大家看。没人理解这是什么意思。轮到杨修看时，他便吃了一口，说："曹公叫每人吃一口，还犹豫什么！"

杨修就是这样喜欢卖弄聪明，曹操虽嘴里称赞，心里却十分嫉恨。

曹操有两个儿子——曹丕、曹植，他们手下各有一个智囊团。为了使自己拥戴的主子能够博得曹操的赏识，能够被立为太子，彼此之间都在暗中较劲。

在曹植一边，大约聪明的人多些，所出的点子也多，开始时比较得势。但这些人多是一些耍小聪明的人，不如曹丕的拥护者老谋深算，所以曹丕一派渐渐占了上风。

有一次，由于丁仪兄弟和杨修的游说，曹操打算确立曹植为继承人。当消息传到曹丕耳朵里，他大惊失色，却又想不出什么好办法，于是就用车子载了许多废竹笼，把吴质偷偷装在笼里拉进王宫，向他请教对策。

吴质当时是朝歌长，属于外官。曹丕私通外官那可是大罪。可是不知怎的，这消息就传到了杨修的耳朵里，他马上去曹操面前告了状。曹操很是生气，但此时时间已晚，于是决定第二天再去追查个水落石出。

当然，为了争得王位，在曹操身边，曹丕也是安插了耳目的，这些人得到消息后马上报告给了曹丕。

曹丕一听便慌了，不知该如何是好，只得又一次去请教吴质。吴质告诉他，明天再派车拉空笼进宫就行了。

第二天，杨修的耳目发现又有拉竹笼的车进宫，喜出望外，飞快跑去报告曹操。曹操马上派人严格搜查，但却落了个"竹篮打水一场空"——

车上都是空竹笼。因此，曹操很不高兴，便疑心杨修一伙是在陷害曹丕，由此也对曹植怀疑起来。

曹操为立太子的事伤尽脑筋。一天，他想试试儿子曹丕和曹植的才干，命令他俩走出邺城门，一边又吩咐门吏不放他们出去。曹丕来到城门口，被门吏挡住，就老老实实地退了回去。而曹植听到这个消息后便去请教杨修，杨修说："你是奉命出城，如果有人阻挡，可以立即把他杀掉！"

于是，曹植来到城门，门吏同样挡住了他。曹植喝道："我奉王命，谁胆敢阻挡！"说完便挥剑斩了门吏，阔步出了城门。因此，曹操便认为曹植比曹丕更有才干。但是，后来有人告诉了曹操内情，曹操听完，勃然大怒，从此不再喜欢曹植。

而杨修自以为聪明盖世，深知曹操之心，于是为曹植准备了十余条有答案的问卷，一旦曹操问起，曹植只要以条对答，即可中曹操心怀。这件事被曹操知道后，认为杨修竟敢利用手段欺骗他，异常气愤，使他更加加深了要杀杨修的念头。

曹操生性多疑，特别害怕被人暗中谋害，常吩咐左右侍者说："我梦中好杀人，凡是我睡着的时候，你们切勿近前！"有一天，曹操在帐中睡觉，故意将被子踢到地上。

这时一个侍卫上前拾起被子，给曹操盖上了。谁知，这时曹操陡然跳起，拔剑把他杀了，重新倒床呼呼大睡。睡了半天，曹操起床看到倒地的侍卫，便假装吃惊地问："是谁杀了我的侍从？"其他侍从将实情告知曹操，曹操听后痛哭不已，命令厚葬。因而，所有的人也都认为曹操真是梦中失手杀人。杨修得知此事后，他指着侍者的尸体叹息道："丞相非在梦中，君乃在梦中耳！"这些话被曹操知道后，曹操大为吃惊，决意伺机处掉这个聪明过头的杨修。

一次，曹操带兵出战被困。是退兵还是坚守，曹操正在举棋不定，犹豫之间。属下大将夏侯惇入帐来问夜间口令，曹操见侍者送来的饭菜中有鸡肋，便随口答道："鸡肋！鸡肋！"于是，这一晚的军中口令便以"鸡肋"为号了。当杨修听到军中以"鸡肋"为号，便叫左右的随行将士收拾行装，以便撤军。

夏侯惇问杨修："你为什么收拾行装？"杨修说："听到今晚号令便可知

道。鸡肋，食之无味，弃之可惜。如今，我军进不能胜，退恐人耻笑，那还在这里有何用，不如早些回去。明天丞相必定退兵，所以我先收拾好行装，以免到时慌乱。"夏侯惇听后，觉得极有道理，于是也跟着收拾行装。其他将士听他这么一说，也都跟着收拾起行装。

这事传到了曹操那里，于是便传杨修来问话，杨修说："丞相以'鸡肋'为号，鸡肋乃食之无味，弃之可惜。如不退兵，恐怕我军一日不如一日啊！"闻言，曹操大怒，说道："你胆敢制造谣言，乱我军心！"于是，喝令左右侍卫将杨修拿下，推出帐外斩首示众，以示军威。

其实，杨修并没有猜错，错就错在他太聪明过头了，以致触怒了曹操。从事政治活动需要有一定的才能，但权力地位并不是仅仅依靠才能获得的。

恰恰相反，在更多的场合，才能不过只是权势的影子。权势越大，也就自认为才能越高。君主永远是圣明伟大的，上司永远是正确高明的人。如果臣僚和下属的才能超过了君主和上司而又不加以掩饰，其结果往往不会美妙。杨修自恃聪明，不仅忤逆曹操，而且因此弄巧成拙，结果就给曹操留下了把柄。所以，曹操对于才能高于自己的杨修欲除之而后快，这也就是必然的了。

相对来讲，这种血淋淋的现实，无时无刻不在提醒着那些胸怀异志或者恃才自傲的人们：切记不可表现出比上司还要高明。

人生感悟

如果你是一位特聪明的人，你就更应该注意保护自己，不要处处张扬你的聪明和才智，要尽量"糊涂"一点。这样的糊涂，并非显示出你的无知。

相信自己才是最优秀的

面对他人的各种说法，有的人会想：我该相信谁的话呢？

其实，我们不必去在乎别人说了些什么话，要知道只有我们才是生活的真正主人，能支配我们生活的也只有自己。所以，我们一定要相信自己才是最好的。自己才是最优秀的。也许这样讲会显得有点高傲，但是。人就是要有点这样的高傲，我们不能对任何东西、任何困难、任何人都认输，一定要相信自己！

一个人没有自信是很可怕的事情。如果火刑柱上的布鲁诺没有自信，那么他也就会如同邻居家的大叔一样，只会喝喝小酒，去聊一些无关痛痒的凡人俗事。如此一来，"地心说"可能还会在很长一段时间内占据着那个时代的人的思想，甚至比想象更远。

纵观古今，在我国历史上不乏自信的古人，其中首当其冲的就是编著《吕氏春秋》的秦国丞相吕不韦。吕不韦所做的最能表现自信的第一件事就是把人当作了奇货可居的货物，第二件事就是悬赏千金修改《吕氏春秋》。

吕不韦原本是战国末期卫国濮阳（今河南濮阳县）的一个大商人。他往来于各地，以低价买进，高价卖出，积累起了千金的家产。有一次，吕不韦到邯郸去做生意，见到了一个人，这个就是秦国公子——子楚。由于当时各国之间常起战乱，关系非常紧张，所以各国之间就以交换人质作为免除战患的根基。秦孝文王有一个排行居中的儿子秦异人子楚，秦异人子楚的母亲叫夏姬，不受宠爱。于是，子楚便作为秦国的人质被派到了赵国，居住在赵国的国都邯郸。而在此后，秦国又多次攻打赵国，所以赵国对这位秦异人也从不以礼相待。子楚在赵国乘坐的车马和日常的财用都不富足，生活非常困窘，很不得意。

但是，吕不韦却认为，子楚现在虽然是赵国的人质，但却是一个奇货可居的人物，日后定能为他带来不菲的利润。于是，一到邯郸，他就前去拜访了秦异人子楚。

到了子楚的住处，吕不韦看到了子楚的窘相，对他游说道："我能光大你的门庭，使你成为秦国的太子。"子楚看了看眼前的吕不韦，不屑地笑着说道："你姑且还是先光大自己的门庭吧！待你富裕之后，你再来光大我的门庭！"吕不韦看了看一脸不屑的子楚，接着说道："你不懂啊，我的门庭只有等你的门庭光大了，才会光大啊！"吕不韦说："如今秦王已经老了，安国君被立为太子。据我所知，安国君非常宠爱华阳夫人，而华阳夫人又没有子嗣，可立太子之事又只有华阳夫人一人掌管。你兄弟二十多人之中，你又排行居中，还不受秦王宠幸，被长期留在赵国当人质，即使是秦王死去,安国君继承王位,你也不可能争到太子之位。"

子楚听后,认为吕不韦所言极有道理,于是他和吕不韦深谈起来,最后决定用珍奇玩物和吕不韦超人的游说本领来说服华阳夫人。

来到秦国后,吕不韦向华阳夫人献上了沿途搜罗的珍宝奇玩,并旁敲侧击地对华阳夫人说:"谈及邯郸之事,唯有子楚最为聪明贤能,所结交的诸侯宾客,遍及天下。而且,子楚还常常念叨'夫人就如我的亲生母亲,日思夜想都思念着太子和夫人'。"当然,这些话使华阳夫人非常高兴。

于是,吕不韦又不失时机地让华阳夫人的姐姐劝说华阳夫人道:"我听说用美色来侍奉别人的,一旦色衰,宠爱也会随之消失。如今夫人您侍奉太子,甚被宠爱,但夫人却没有儿子,倒不如趁早在众多的儿子中选出一个立为太子。那样,在大王死后,自己立的太子即可继承王位,由此我们才不会失势。"接着,她又委婉地谈到子楚,对华阳夫人说:"我听说在赵国做人质的子楚非常有才能,来往的人都很赞赏他,若夫人能立子楚为太子,真可谓今生有幸啊。"

就这样,凭借吕不韦的才智和高明的游说手腕,秦昭王五十六年(公元前251年),秦昭王去世后,安国君继位为王,华阳夫人做了王后,子楚也顺理成章成为了太子。

作为太子,秦异人子楚被赵国护送回了秦国。可是,不知为什么,安国君竟然如此命短,刚继位一年之后便早早地去世了,谥号为孝文王。于是太子子楚继位,成了秦国的庄襄王,而吕不韦也被封为了秦国丞相。可遗憾的是,子楚在继位还不到三年时也随之一命呜呼了。两位秦国王君死得如此之快,的确有些蹊跷,但是有一个事实却是千真万确的,那就是太子嬴政随之继立为王,并且尊奉吕不韦为相国,称其为"仲父"。

此时,天下各国均已强盛,魏国有信陵君,楚国有春申君,赵国有平原君,齐国有孟尝君,他们都礼贤下士,结交宾客,由他们这些贤能人士帮助治理的国家也是一片繁荣富足。为此,吕不韦认为,秦国如此强大,而自己却不如这些贤士,实在羞愧难当。因此,他也决定招徕文人学士,成立吕氏文学院,给他们优厚的待遇,著书立说,专门撰写以自己的姓氏命名的《吕氏春秋》。

《吕氏春秋》集合了吕不韦门下三千多食客的所见所闻,其中不乏像荀卿那样的辩才。该书共分为十二纪、八览、六论，共26卷，160篇，20余万字。内容驳杂，有儒、道、墨、法、兵、农、纵横、阴阳家等各家思想，所以《汉书艺文志》等将其列入杂家。但是，《吕氏春秋》在内容上虽然杂，在组织结构上并非没有系统，编著上并非没有理论，内容上也并非没有体系，正如该书《用众》篇所说："天下无粹白之狐，而有粹白之裘，取之众白也。"显然，编著《吕氏春秋》也是为了集各家之精华，成一家之思想。

吕不韦不愧是一个充满自信的人，他为了向世人宣扬其功绩和《吕氏春秋》的精辟，成书完稿那天，他命人在咸阳城门贴出告示，上面悬挂着一千金的赏金，遍请诸侯各国的游士宾客。若有人能增删一字，就给予一千金的奖励，可见其自信程度。纵观吕不韦的一生，他就是这样做的，他就是这样一个自信的人。而且，这本流芳百世、千金难改一字的经典之作，也使吕不韦的事业达到了顶峰。

不管做什么事，没有自信的人都是难以成功的。如果一个人做一件事，从一开始就认为自己根本就做不好，那么自然而然地会在努力方面大打折扣，不具备做事的起码效率。接下来其结果往往就是花费了时间和精力，却收效甚微，甚至毫无收效。那么，失败和放弃也就在所难免了。继而，也就越发没有自信。周而复始，最终就会导致整个人生的失败。

萧伯纳说："有自信心的人，可以化渺小为伟大，化平凡为神圣。"也曾有人说："自信是成功之祖。自信会增强才能，使精力加倍旺盛。自信心能增强力量，同时也会使生命中的许多美德得到发扬，使之成为中心指导力。"所以我们应当有高标准，要提高自信心，并且执著地相信自己必能成功，朝着高标准坚定不移地走下去。如此一来，自信心定会给你带来生活和做事的勇气。

所以，相信自己就是最优秀的人是非常重要的。

人生感悟

自信来源于思想深处，是自己相信自己。拥有了自信便可以缩短距离，节省时间，加快速度，尽快地达到理想的目的，成就学业与事业。

自知者明，自胜者强

现代社会变化的速度，是历史上任何一个时代都无法比拟的。这是一个不可阻挡的滚滚年代。整个中国，像一匹被电脑设计肆意拉长的奔马，跨越了广阔的时空。我们可以看到，自春秋战国以来，我们的国家从来没有焕发出如此开阔的精力与热情。没有一朵花不想立即开放；没有一个人不想在激烈的竞争跻身前列；没有一个人不企望获得更大的发展，创造出新的奇迹……

一个发展节奏加快、组合形式复杂的社会，在不同的人群中产生了不同的际遇：对于那些适应能力强的人来说，多一扇门就多一分希望，多一种变化就多一个机会；而对于那些适应力弱的人，多门则等于没门，多机会则等于无机会。不能把握社会变化的规律和趋势，无法对这种变化做出快速的反应，在多变的社会中就会处处碰壁，撞得鼻青脸肿而找不到出路。

南北朝时期，梁朝有一个金紫光禄大夫，名叫江淹。在他年轻时，由于家境贫寒，好学不倦，诗和文章都写得非常好，是当时极负盛名的作家之一。可是，他中年为官之后，有一天晚上，他梦见一个自称郭璞的人，对他说："我的五彩笔在你处多年，请你还给我吧！"江淹听了这话以后，便到自己怀中去摸，果真摸到了五彩笔，于是便还给了郭璞。但遗憾的是，自从他将五彩笔还给了郭璞，就再也没有写出优美的好诗、好文章。因而，后世便有了"江郎才尽"的成语。

当然，"江郎才尽"只不过是一个传说。江淹写不出好诗、好文章，关键在于他做官以后便脱离了百姓，脱离了生活，因此才变成了一个头脑封闭、反应迟钝、因循守旧、故步自封的人。设想一下，如果江淹并没有因为自己地位高了而骄傲自大，而是更加虚心学习，认真地了解百姓疾苦，那么我国的历史上必定会多出一位有才华的诗人。

孔子是我国古代著名的思想家、教育家。有一次，孔子到晋国去。路上见到两个小孩，这两个孩子见是孔夫子，便要孔子回答两个问题才可放行。其中一个孩子问："为什么鹅的叫声大？"孔子答道："鹅的脖子长，所以叫声大。"另一个孩子说："青蛙的脖子很短，为什么叫声也很大呢？"孔子无言以对。两个孩子听后哈哈大笑:"人家都说孔夫子是个圣人,原来你也有回答不了的问题呀!"说完就转身跑掉了。孔子的学生子路很不服气地说:"您真应该随便讲点什么,就能把他们镇住。"孔子说:"不,如果不是老老实实地承认自己不懂,怎么能听到这番有趣的道理呢。"

孔子被尊为圣人,除了因为他拥有博大的学问之外,和他严格要求自己、奉行诚实的原则也是分不开的。"知之为知之,不知为不知",诚实地面对自己,以诚实的态度去面对别人,正是儒家思想精髓的一个方面,也是中华民族历代的仁人志士所奉行的为人处世的基本准则。人们常说,机遇偏爱有准备的头脑。对于成功,只有那些自知、自强,能懂得超越自己的人才能够不断追求上进。自知者,始终都不会被名利的欲念所埋没,而自胜者,永远都会是社会潮流的先行者。曾有人说:"越是不喜欢接受别人赞誉的人,越是表示他知道自己的成功是微不足道的。"人如果有了一点点成绩就自夸,那么这点成绩很快也会丧失。

胸怀大志的人,总是能够用心专一,对知识也总会抱着一种勤学苦练的态度。对于那些一知半解,"满罐子不响,半罐子咣当"的人来说,江郎才尽就是他们的前车之鉴。

人生感悟

明,是心灵之明;自胜,是战胜自我。人欲求真知灼见,必返求于道。只有自知之人,才是真正的觉悟者,而能够战胜自我的人,才是具有天地之志的人。所以,只有自知自胜的人,才是真正的强者。

俭是修身之本

左宗棠是清代著名的政治家。咸丰十年,由于他的出色表现,由帮办军务直接升任巡抚,官高位显,薪金丰厚,但是,他不忘其布衣经历和过去的艰苦生活,勤俭节约,克己奉公,生活仍旧十分俭朴。

作为一个巡抚,他平时只穿棉布缝制的衣服,从来不喜欢呢绒绸缎之类的高档衣物。有一次,他的夫人为他定做了一件绸缎衣服,早上起来拿过来准备让他试穿。这反倒惹怒了左宗棠，他严厉地斥责道："今天是什么特殊的日子吗？"夫人一脸的疑惑，说："未曾听您提起过啊！"左宗棠非常生气地说："又不是什么朝祭大典的特殊场合，为何叫我穿这些华贵的衣服？以后除非是特殊日子和特殊场合，我才会穿这些衣服，快快放回去吧！"接着二话没说，穿起他那件棉布衣服径直走出门去。夫人满脸的委屈，但她太了解左宗棠的脾气了，以后再也不敢自作主张让他随便穿绸缎衣服了。另外，左宗棠家里没有什么佣人，他亲自在后院躬耕，种植了许多蔬菜，平时所吃的也都是粗茶淡饭，每餐食用的基本上是由自己收获的蔬菜，从不铺张浪费，他本人也只有在宴请宾客、逢年过节的时候，才略微置办一点酒肉、海鲜。

当时，官场中讲求排场的风气十分盛行，凡是新官到任，地方上都要耗费民财，给新官建造一处新宅或是一所歌功颂德的祠堂。一年夏天，左宗棠由陕西巡抚调升陕甘总督，赴兰州就职。当他还在上任路上的时候，兰州的下属官员已按惯例为他在兰州五泉山清晖阁建造了一所祠堂，他们满以为左宗棠见到它一定十分高兴。

出乎他们预料，左宗棠来到兰州，当看到这所祠堂之后十分生气，感叹道："蒙皇宠隆恩，微臣才能够得以来此就职，为天下苍生效命，为黎民百姓积福。今日我未曾就职，却已经拿百姓的钱财为自己建祠堂，这要我拿什么脸面去见陕甘百姓啊？"于是随即命令属下废除祠堂名称，将其改为供平民百姓祭祀的神庙，并惩办了最先倡导并主持这件事情的官员。

还有一次，左宗棠的好友胡雪岩从上海远道来兰州看望他，顺便给他带了一些礼品。左宗棠盛情难却，只接受了一部分无法带回去的食品，并用自己购买的西北土特产作为回报，表达了感激之情，而把金座珊瑚顶和高丽参等珍贵物品原封不动地退回给了胡雪岩。他说："这些东西太贵重了，愚兄实在是不会享用啊？还是交由贤弟妥善保管吧！"胡雪岩推让不过他，只好悻悻地将东西拿了回来。

人生感悟

朴实无华的生活能给人的内心带来安定。

耻得不义之财

　　清代著名学者阮元的父亲阮湘圃，出身并不富裕，家境较为贫寒，但诚实守信，洁身自好，以守义明礼称颂乡里。

　　有一天，阮湘圃要到乡学去取一份盼望已久的信函，那是京中的好友帮他联络到的，可以继续进京学习的机会。阮湘圃起了个大早去县城，一路上他猜度着，事情到底进行得怎么样了，自己是不是很快就可以上路进京，这不只是一个难得的学习机会，更为重要的是马上就快科考了，要是这次能够有机会到京师去，那岂非省了不少力气？阮湘圃心中焦急，脚下加快，不多久就来到要进县城必须要过的渡口。这时候，阮湘圃才知道今天自己走得是多么快。往日，他会恰好赶上每天渡口的第一班渡船，可是今天，那船上的艄公还在优哉游哉地收拾桨、舵、缆绳。阮湘圃也不禁为自己的心急感到好笑。他只好在渡口边走来走去，耐心等待着开船的时间。

　　就在阮湘圃好似游戏一样在岸边的草丛里踢来踢去的时候，一个重重的东西绊住了他的脚。他非但没能把那个物件给踢起来，反倒被撞得脚趾生疼生疼的。阮湘圃俯身把浓密的杂草拨开，发现原来是个不小的包裹。他摸了摸，似乎硬硬的，打开一看，原来里面有许多白银，还有一封公函。他顿时感到，这件事"上关国务，下系人民"，这时，渡船就要起锚了，可是阮湘圃决定应该在此等候。

　　时间一分一秒地悄悄溜走，阮湘圃看着渡口开往县城的船一艘一艘的起锚，一艘一艘的靠岸，眼见最后一班渡船也起锚开走了，可是仍不见有人来寻找丢失的包裹。阮湘圃的心也像渐渐西沉的落日，一点点沉了下去。就在这时候，他发现不远处来了一个人，那人在岸边寻觅了一会儿，然后好像很泄气的样子。接着，那个人痴痴傻傻地盯着河水看了一会儿，就向河中走去，看样子想投水自杀。阮湘圃赶快奔过去，一把把那人拽了回来，问他怎么这么想不开。对方回答说，自己是个差役，本来是要送一封极为重要的信函到省城府衙的，结果一时不慎，丢掉了装有路费和信函的包裹，这样不仅连累了自己，还连累了自己的上司，不如先死了好。阮湘圃赶快把包裹还给他，那差役看着有若性命般失而复得的包裹，不知怎么感谢阮湘圃，而阮湘圃不愿留下姓名就告别了。

后来，阮湘圃的儿子阮元中了进士当了大官，一次督学浙中，巡察各地，来到了家乡附近，就驻扎在绍兴，就在这时，有一位家乡老朋友来拜访阮湘圃，阮湘圃以礼相待。朋友见面、寒暄叙旧过后，来人仿若不经意地问："你还是那么清贫吗？"阮湘圃哈哈一笑，豁然答道："我家本来就很贫寒吗。"老乡就势拿出两张纸说："这两张契约价值千金，现送给你老先生。贤侄已经在京中任职，怎么也不可以……"还没等那人说完，阮湘圃愤怒地批评说："我平生就是以不义之财为耻，所以才一辈子贫穷，你为何不吝惜千金，无故酬谢我？你是不是有什么要求我的儿子！我的儿子受朝廷的恩惠，清正廉洁，还不能报答万分之一，你能用这种手段来玷污他吗！你如果以礼相访，我以礼相待；你如果以贿赂而来，你今天恐怕出不了我的门槛。"其人愕然，叩头狼狈而逃。

人生感悟

面对不属于自己的钱财不能有一点心动。

君子欲而不贪

东汉安帝时，丞相杨震是人们所熟悉的廉洁清白之相。杨震，字伯起，东汉弘农华阳人。他习《欧阳尚书》，常年教授弟子，州郡累征不就。年五十始步入仕途，历任荆州刺史、东莱太守、涿郡太守、太仆、太常，永宁元年（120），为司徒，成为宰相。杨震一生为官清廉，不徇私情。当时安帝乳母王氏得势，子弟均居高位，他上疏切谏；安帝为王氏大修第舍，他又上疏阻止；安帝舅耿宝请他用中常侍李闰之兄，皇后兄阎显也荐亲信于他，杨震皆不用，为此得罪权贵，但他依然弊绝风清，洁身自好。

一次，杨震途经昌邑，其昔日所举荐的王密此时恰为昌邑令。暮夜来临，夜深人静，王密至杨震住所谒见杨震，并怀揣金十斤以赠杨震，以感谢其知遇之恩。杨氏是东汉名门世族，门生故吏可谓遍布天下。如今面对这位手持重金、态度虔诚的后辈，杨震一时大惑不解，便问道："故人知君，君不知故人，何也？"王密以为杨震是故作矜持，因为在当时的官场中，座主收受赠金是很普遍的，所以他认真地说道："暮夜无知者。"而杨震却正色告诉他："天知，神知，我知，子知，何谓无知者！"王密听后惭愧地携金退去。

杨震在外为官清廉，不徇私情，在家对子孙也要求得十分严格。其子孙们平日行无车，食无肉，不涉奢华。故交见其生活拮据，劝他置些产业，杨震不肯，说："使后世称为清白吏子孙，以此遗之，不亦厚乎！"

杨震的后代果不负所望。其子杨秉、孙杨赐、玄孙杨彪，皆为汉相；曾孙杨修亦为曹操主簿，一代才子。他们个个恪守祖训，保持家风，廉洁清正，为世所贵，其中杨秉是最出类拔萃的一个。杨秉少传父业，博学多识，40岁以前一直隐居不仕，以传授经学为务。后应朝廷召拜，入朝为侍御史，先后任过豫州、荆州、徐州等刺史，桓帝时为尚书、太尉，成为丞相。杨秉像其父一样清廉，自他为官以来，他都计日受俸，剩余俸禄一概不取。其故吏送给他的钱逾百万，他皆闭门不收，以廉洁自好。延熹三年（公元160年），白马县令李云因直言进谏被罪，杨秉为其鸣不平，争之不得，反被罢官归故里。杨秉免官后，雅素清俭，家境贫穷，经常是"并日而食"，一天的饭要分作两天吃。尽管如此，他仍不愿接受他人的馈赠。任城一故吏景虑给他送钱百余万，欲以此接济杨秉，但"（杨）秉闭门拒绝不受"。杨秉一生洁身自律，两袖清风，生活严谨俭朴。杨秉素不饮酒，他早年丧妻，一直没有再娶，所到之处，皆以"淳白"见称。他晚年在回顾自己一生经历时，曾从容地对人说："我有三不为惑：酒、色、财也。"他的高风亮节，不愧为一代楷模。

人生感悟

欲望人人有，但我们应该尽力控制住它。

见小利思大害

春秋时期，晋国失去了霸主地位，国势愈加衰落。到了晋定公时，晋国六卿势力强大，渐渐互相争权，根本不把国君放在心目中。自范氏中行氏二家被灭后，尚存智氏、赵氏、魏氏、韩氏四卿。四卿听说齐国发生了田氏弑君专国的内乱而诸侯各国无人过问，于是私自立议，各自拓展土地，作为自己的封邑。

到晋出公即位时，国君所属的土地反而少于四卿的封邑，却也无可奈何。后来，晋出公秘密派出使者向齐、鲁两国求助，请派大军讨伐四卿，以止国君之名。不料齐、鲁反以其谋告于智伯，智伯大怒，联合韩、魏、赵三家，索性把一个有职无权的国君赶出晋国。自此后，晋之大权，尽归于智伯。

智伯以结好卫同的名义，派使者赠送给卫侯四匹良马和一枚白璧。卫侯看着膘肥体健、四蹄生风的良马喜不自胜；捧着价值千金、通体透明、白如凝脂的宝璧爱不释手，笑得眼睛都眯成了一条线。见到国君十分高兴，群臣都纷纷前来祝贺。上大夫甫文子也来了，他看过良马，又看了宝璧，不仅没有向卫侯致贺，脸上反倒蒙上了一层忧虑之色。卫侯奇怪地问："智伯派人送给寡人良马宝璧，举国上下无不欢喜庆贺，而您却面带忧虑，是怎么回事？"南文子说："没有功劳受到赏赐，没有力量收到重礼，不可不考虑一下。良马宝璧，这是小国贡奉大国的礼物，而现在大国却把礼物送给我们弱小的卫国，国君您不觉得奇怪吗？智伯眼下独揽晋国大权，早有吞并赵、魏、韩三家的野心，怎么会向卫国结好呢？""上大夫的意思是……"卫侯有些明白了。

"臣以为，智伯定有吞并卫国、壮大自己势力的企图，国君不可不防。"于是，卫侯命令大将屯兵边境，严加戒备。

智伯果然发兵前来偷袭，他带领大队人马刚至边境，见卫国边防戒备森严，只好叹了口气说："卫国有贤人，早已料到我的计谋了。"智伯见无机可乘，回晋后又生一计。他与长公子颜密谋，假装父子失和，让颜装作被他驱逐并带着部分军队投奔卫国，以便里应外合。南文子再次识破这一阴谋，他说："公子颜贤名远近皆知，智伯又很宠爱他，无缘无故逃亡卫国，其中必然有诈。"

他对晋国来的密使说："卫国可以收留公子颜，但他的车乘若超过五辆，就不许入境。"智伯听说了此事，赞叹道："南文子真是料事如神啊。"于是，他打消了偷袭的念头。

南文子识破了智伯的阴谋诡计，靠的不仅是自己的智慧，还有自己高尚的品格，最终使卫国免除了灭顶之灾。

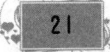

人生感悟

任何贪图小便宜的做法都将吃大亏，只有高尚的品质，才能真正地帮助人们获取胜利。

相信你的潜力是无穷的

我们每个人身上都有巨大的潜在能量未被开发出来。研究证明，普通人只开发了蕴藏能力的十分之一，与我们应当获得的成就相比较，我们的大脑智慧几乎是处于一种半梦半醒的状态，我们只利用了我们身心的很小一部分。人的大脑储存的能量大得惊人，人们在平常的工作学习中只发挥了极少的大脑功能。要是人类能够发挥自己大脑功能的一半，就可以轻而易举地学会40种语言，背诵整本百科全书，获得12个博士学位。

这就是你自己的真实资料，是你自己的有关数据。可以说，在合理的范围内，只要你有信心，你几乎是无所不能的！

关于这一点，我们看一看出身贫困的韩国现代集团老总郑周永早年的奋斗史就可以窥知一二。

韩国，一个面积不到10万平方公里，总人口只有4000万人的国家，从20世纪60年代起经济开始起飞，到1995年，人均国民生产总值已突破1万美元，居世界第32位，经济规模超过了俄罗斯，居世界第11位。在短短30多年间，韩国创造了世界经济发展的奇迹，获得了"亚洲的日本第二""亚洲四小龙之首"的美誉，其经济成就举世瞩目。

大垄断财团是韩国经济成功的支柱。在这些大财团中，现代企业集团的实力首屈一指，它拥有1000多亿美元的资产，涉足汽车、轮船、机械制造以及半导体和电子产品等领域，1999年其产值约占韩国国内生产总值的20%，年销售额超过600亿美元，在韩国的经济发展中具有举足轻重的地位。

现代企业集团的发展被视为韩国经济腾飞的缩影，郑周永则是现代企业集团的缔造者和事业腾飞的掌舵人。从一个农民的儿子、一无所有的小学徒，到今日叱咤风云的企业巨子，郑周永被人称为"速成财阀"，他本人所拥有的资产据估算已达65亿美元。尽管郑周永参加1992年的韩国总统竞选没能如愿，但在韩国民众的心目中，他是名副其实的"财界总统"。

而谁能想到，就是这位"财界总统"，早年连饭也吃不饱。

1915年11月25日，郑周永出生在韩国一个叫牙山的偏僻农村，时距日本吞并朝鲜仅5年。牙山村位于通川地区，地处东海岸南北朝鲜分界线以北约30公里。郑周永家世代务农，家境极为贫寒。郑周永兄妹八人，他排行老大。在他童年的记忆里，一家人除农忙时能吃上几顿干饭外，其余时间几乎每天都以稀粥度日。从他10岁那年起，父亲每天凌晨4点就叫醒他，带着他赶15里的路下地去干活。

在郑周永的眼里，父亲是一个模范农民，没有哪一个农民比他干活更卖力，无论严冬还是酷暑，他永不停息，然而尽管历尽辛苦，还是无法维持生计。郑周永同情父亲，敬重父亲，却不愿走父亲的老路。与命运抗争，出路只有一条，就是走出贫穷的山村，到繁华的大城市去，闯荡出一片新天地。郑周永在心里说："我要进城，我们的经济状况太差了，几乎连肚子都填不饱。早晨我们吃点燕麦粥，中午饿着肚皮，到晚上才喝点豆粥，然后就上床睡觉。我决定要去一个能够吃饱饭的地方。"

1930年，15岁的郑周永小学毕业，因家境贫寒，他被迫辍学。为了改变自己的命运，他先后三次离家出走，但都被父亲找了回来。1934年，郑周永19岁。那一年，全世界都处于萧条之中，郑周永家乡的日子更加艰难，除了日本人的殖民掠夺外，罕见的旱灾使得田里颗粒无收，许多人因为饥荒而患了浮肿病。待在家里无异于等死，郑周永再次打算离家出走时，父亲也不得不同意了。

于是郑周永先到了仁川港，干了一阵子搬运工，然后又来到汉城，在普成专科学校图书馆的工地上干泥水活，又到石油设备厂当学徒工，学到的活计就是把几根铁管捆在一起。几经周折后，他终了找到了一份还算像样的工作，在一家名叫福兴商会的粮米购销行为客户送粮，得到的年薪可买18袋米。他的父亲终于承认，在城里干活确实比在农村种地好。

郑周永自幼相信"人无信不立"的儒家信条，他的座右铭是："信誉就是财产，有信誉就有一切。"正是靠着诚实守信，他不仅得到了店主的信任，而且也和客户建立了良好的关系。在两年多的时间里，他靠辛勤劳动换得了不菲的收入，也初步了解了经商之道。

偶然的机遇有时会成为一个人一生的转折点。两年后，那家粮店的店主去世，店主的儿子是一个与郑周永年龄相仿的年轻人，吃喝玩乐样样在行，但对经商却一窍不通，他也无意接过父亲的老本行，福兴商会眼看就要倒闭关门了。机遇在向郑周永招手，他果断地掏出自己的积蓄，盘下了那家粮店，并在店前换上自己的店牌——京一商社，利用自己在客户中建立起来的良好信誉，继续从事粮食买卖。在此后的3年里，郑周永迎来了他经营生涯中的第一个黄金时期，他赢利了。之后他的父母和弟妹也被接到了汉城。

就这样，郑周永的事业开始起步。

人生感悟

一位哲人说过："我们对自己所有的信心，会产生我们对别人的信心。"所以，无论你是出身寒门，还是出身豪门，只要你相信自己，相信只要通过努力就可以成功，并不断发掘自身潜力。那么，你就可以成为强者！

执著于一个目标

一旦狼盯住了一个捕杀目标，一般不会轻易放弃，它总是会想方设法把它捉住，这也许就是一种执著吧。

在现实生活中，每个人执著力的强弱是不同的，有的人可以为一个目标奋斗终身，这就是执著；有的人一生不断地向更新更高的目标迈进和攀登，这同样也是执著。是否能做到执著，与一个人的心态、素质等因素有一定的关系。

在现实生活中，许多并不优秀的人所取得的成就要远远超过他们的实际能力。或许很多人会对此感到不解，在人生的旅途上，那些智力并不出类拔萃、在学校和大学里排名末尾的学生，为什么能取得这么大的成功，把我们远远地抛在了后面呢？其中的一些人在学校时尽管我们曾经嘲笑过他们，但是，他们后来能专心于一个领域，耕耘不辍，最终到达目的地。尽管智力平庸，他们仍想方设法保持领先，一步一步地积累了自己的优势。而那些智力超群、才华横溢的人，却仍在四处涉猎，毫无目标地寻找成功，最终一无所获。

大部分人都深知自己资质平庸，也正是这种自知之明的精神推动着他们最大限度地开发利用自己的潜能。父母和外人的议论让他们知道自己并不聪明，这激起了他们的羞耻感。知耻而后勇，他们决心不做一个平庸的人。虽然他们的智力不如那些聪明者，但是他们下定决心要让别人知道自己并不是一无是处。

他们深知自己的才能是有限的，因此更加执著于一个目标，他们从不幻想做一个全才，也没有十八般武艺样样精通的野心，而是专注于一个目标，并且全力以赴。这样，就会比那些多才多艺的人更容易集中精力。他们不必经常担心自己能否同时做好其他的事。因为他们知道要取得成功，就必须集中精力发展某一项才能，换句话说，就是要执著于一个目标。

一个聪明的人，不管他是否遥遥领先，也不管他是否比身边的其他同龄人更引人注目，如果他对目标缺少执著的精神，那么他永远不会成功；本来有很多人是可以成为著名的音乐家、律师、医生的，但由于缺少执著，而没有如人们所期望的那样取得成功。

对于一个坚韧不拔、意志坚定的人来说，无论他做什么事，只要有执著的精神，人们就有理由相信他一定能赢，因为人们知道，一个从不惧怕失败的人，只要永远执著于自己的目标，就一定会取得成功。

宋朝的赵普曾做过太祖、太宗两朝皇帝的宰相，他的忠诚和政绩都是非常明显的。他是一个勤勉的高级行政官员，学问方面却比同级官吏们稍差些，他登上宰相职位以后，其不足的方面被太祖察觉。一天与太祖议政后，太祖温和地劝他多看一点书，赵普从此以后手不释卷，退朝以后就把自己关在房间里读书。

这说明他是个兢兢业业、知不足而善补救的人。他一生全力投身于政治，以辅佐宋朝皇帝治理天下为己任，是不可多得的名相。

究其性格实质，他是个性格坚韧的人。

太祖一句委婉的批评，使他养成至死手不释卷的习惯；反过来，在辅佐朝政时，自己认定的事情，就是与皇帝意见相悖，他也敢于坚持己见。

有一次，赵普向太祖推荐一位官史，太祖没有允诺。赵普没有灰心，第二天临朝又向太祖提出这项人事任命事项请太祖裁定，太祖还是没有答应。

赵普仍不死心,第三天又提出来。

连续三天接连三次反复地提,同僚也都吃惊,赵普何以脸皮这样厚。太祖这次动了气,将奏折当场撕碎扔在了地上。

但赵普自有他的做法,他默默无言地将那些撕碎的纸片一一捡起,回家后再仔细粘好。第四天上朝,话也不说,将粘好的奏折举过头顶站在太祖面前不动。太祖为其所感动,长叹一声,只好准奏。

赵普还有类似的故事。

某位官吏按政绩已该晋职,身为宰相的赵普上奏提出。但因太祖平常不喜欢这个人,所以对赵普的奏折不予理睬。

但赵普出于公心,不计皇上的好恶,前番那种韧性的表现又重复起来。太祖拗他不过,便勉强同意了。

太祖又问:"若朕不同意,这次你会怎样?"

赵普面不改色:"有过必罚,有功必赏,这是一条古训,不能改变的原则,皇帝不该以自己的好恶而无视这个原则。"

也就是说,你虽贵为天子,也不能用个人感情处理刑罚褒赏的问题。这话显然冲撞了太祖,太祖一怒之下拂袖而去。

赵普紧跟在后面,到后宫皇帝寝室的门外站着,垂首低头,良久不动,下决心皇帝不出来他就不走了。据说太祖为此又很感动。

外国有一种说法叫"人盯人"。同样的内容,两次、三次不断地反复向对方说明,从而达到说服的目的。运用这种说服法,须有坚韧的性格才行,内坚外韧,对一度的失败,绝不灰心,找机会反复地盯上门去。

平庸者成功和聪明人失败,或许很多人会感到十分惊奇,但是仔细分析以后,你就会发现,之所以出现这种现象,就是因为那些看似愚钝的人,虽然并不是十分聪慧,但他们比别人多了一种顽强的毅力,一种在任何情况下都坚如磐石的决心。一种从不受任何诱惑、不偏离自己既定目标的执著力。相反,那些聪明人往往不能专注于一个目标,四处出击,结果就分散了他们的精力,浪费了他们的才华。

所以要想获得成功,最重要的就是对目标要有执著的精神,即你的独立性、决心和意志。只有具备了这些条件,你才不会在寻求成功的路上迷失方向。没有人能帮助你走出迷惑,只有你自己才能战胜你内心的敌人。你的命运、你的幸福和成功都取决于你是否对目标执著和奋斗。

执著的人可能失败，却很少被人称为失败。因为，"执著"的骨子里有一种素质，一种激情如火的素质，一种追求根源的素质，一种苦行僧式的素质，一种认准了目标死不回头的素质，一种固执己见、永不迎合他人的素质，一种酷爱偏激的素质。具备这种素质的人常常可以创造出人间奇迹。弗洛伊德、拿破仑、贝多芬、凡·高，还有《吉尼斯世界大全》一书中所记载的诸多人物，他们的性格中明显有着共同的特点，即执著。执著将他们热爱的某项事业推向极致，什么也阻止不了他们——除了自身的死亡。

人生感悟

在追求自己的目标时，执著专注的人可能在当时失败，却在后人心中胜利；可能在名利上失败，却在精神上胜利。这就是执著的人生。专注执著，是一首永无休止符号的进行曲。

脚踏实地地生活

从前，一个人独自在山野间行走，突然撞见一只老虎。他大惊失色，本想调头跑走，但是，他却看见那只老虎伸出前掌，表情痛苦，好像有求于人。他便大着胆子慢慢地走过去，仔细一看，原来老虎的前掌的中心刺进了一根铁钉。

他知道是怎么回事了。于是，他蹲下来，慢慢地把铁钉从老虎的前掌内拔了出来。拔掉铁钉的老虎转身跑走了。

这个人以为事情到此就算结束了。没想到，过了几天，那只老虎拖来了一只死鹿，放到了这个人的家门口，算是对他的报答。这个人高兴极了，一只鹿可以卖很多的钱呢。他想，这可是个好生意啊。于是，他不再工作，而是在门口挂了一个牌子，写着"专为老虎拔刺"。然后，便天天在家等生意上门。他等啊等啊，老虎没有出现，他幻想中的鹿也就没来。他终于穷困潦倒了。

这个故事和中国传统的《守株待兔》的故事一样，同样是在生活中遇到偶然事件，激发了人们的想象。但是，这种偶然发生的事情是可遇不可求的。也就是说，美好的东西我们有时可能唾手可得，但是，这种美好却不是长久的。对每一个有所追求的人来说，理想总是很美，如果没有一个美好的理想和对于这个美好理想的追求，没有人会走上充满艰辛的创业之路。但是，美好理想的实现，就需要脚踏实地，一步一步地来，离开一步一步的过程，就没有登上高峰的可能，就没有到达终点的可能……

奥地利的硝烟散尽之后，拿破仑想要犒劳那些在战役中英勇无畏的不同民族的士兵。

"说出你们的愿望来，我将以此奖赏你们，我的了不起的英雄们。"拿破仑说。

"把波兰归还我们吧！"一个波兰人嚷道。

"它是你们的了！"拿破仑应道。

"我是个农夫，给我土地！"一个可怜的人叫道。

"土地是你的了，我的孩子！"

"我想要个啤酒厂。"德国人说。

"给他一个啤酒厂！"拿破仑下了命令。

然后轮到了一个犹太士兵。

"噢，年轻人，你想要什么？"皇帝脸上带着鼓励的微笑问道。

"如果能够的话，陛下，我想得到一条非常漂亮的青鱼。"犹太人怯生生地嘀咕着。

"哎呀呀！"皇帝叫道，耸了耸肩，"给这个人一条青鱼！"

皇帝离开以后，那些英雄围住了犹太人。

"你多傻啊！"他们责怪他说，"想想看，当一个人想要什么就能得到什么的时候，你却只要了一条青鱼！你也太辜负皇帝的美意了吧？"

"我们倒是看看谁是傻瓜！"犹太人回敬道，"你们要波兰的独立、要农场、要啤酒厂——这些东西你们根本不可能从皇帝那里得到。而我呢，你们看，我是一个现实主义者。我要一条青鱼——也许我就能得到。"

空中楼阁就是空中楼阁，与其画饼充饥，不如吃点儿窝头。不要抱有不切实际的幻想，只有根据自己的现实情况，给自己一个合理的定位，才能成就伟大的人生。不管理想有多高，不管理想有多远，实现理想的路总是在脚下。不迈出第一步，就永远也不可能走到终点。对于每一个有远大理想的人来说，追求自己的梦想与光荣，都必须从自己的脚下开始。好高鹜远和目标远大的区别就在于能否脚踏实地地为目标的实现而付出足够的努力。人要脚踏实地地走路才不会摔跟头，公司要认认真真地做好每一个环节才能赢得市场，员工要勤勤恳恳地完成公司赋予的任务才能逐渐提高自己的能力。路标永远指向前方，但是前进的道路却在我们脚下，只有实实在在地走好每一步，才能走得更远。

人生感悟

　　脚踏实地，是面对现实的积极态度，是敢于正视现实、追求真理的基础与前提。

全力以赴地去做

　　我们常常听到人们各种各样的梦想，每一个梦想听起来都很美好，但在现实中，我们却很少见到真正坚韧不拔、全力以赴去实现梦想的人。人们热衷于谈论梦想，把它当做一句口头禅，一种对日复一日、枯燥贫乏生活的安慰。很多人带着梦想活了一辈子，却从来没有认真地去尝试实现梦想。正如能变得开心的唯一办法是坐直身体，并装作很开心的样子说话及行动！要实现梦想也只有去切实地行动。

　　在世界篮球史上享有极高声望、被世人称为"飞人"的美国职业篮球运动员迈克尔·乔丹，就是这样一个懂得用自己脚踏实地的全部努力，去实现远大目标的最佳典范。

　　在乔丹的职业篮球生涯中，他曾经先后创造出了无数个至今仍无人可以超越的纪录。可是在这些令世人为之惊叹的成绩和荣誉背后，却是他不为人知的一段奋斗历程。早在乔丹还是一个高中生的时候，他曾经因为身高以及其他方面的一些问题，遭到了校园篮球队的无情拒绝，甚至还被当时的教练预言绝不可能在篮球运动中取得任何的成就。因为这些充满了痛苦和失意的经历，乔丹在发誓一定要成为世界上最好的篮球运动员后，便开始用一种常人所无法想象的超强度训练，来提高自己的能力和水平。

　　每天早晨6点，当别人还在睡梦之中的时候，他就已经开始了自己一天的训练，直至夜深人静之后才离开训练场地。即便成为了举世闻名的篮球巨星后,他的这种努力也从未有过一天的停止。也正是因为在整个NBA甚至是整个世界范围内,再也找不到一个像他这样拼命奋斗的人,所以乔丹才最终获得了那种在其他人看来简直就像是神话的巨大成功。

其实,能否实现自己的梦想,外在因素只占小部分原因,主观因素才是能否实现自己梦想的主要原因。一个人要想实现自己的梦想,最重要的是要具备以下两个条件——勇气和行动。人们对于做不成的,或者还没有做的事情,很少把原因归结到自己身上,往往都是习惯性地寻找某个外在的理由,为自己开脱一下,舒口气,然后继续过自己平庸的日子,让梦想躺在身体里的某个角落呼呼大睡。

人生感悟

心想不一定事成。事成的前提是全力以赴去做。比如一个人想学游泳,唯一的办法就是一头扎到游泳池里去,也许开始会呛几口水,但最后一定能够学会游泳。所以,当我们拥有梦想的时候,就要拿出勇气和行动来,穿过岁月的迷雾,让生命展现别样的色彩。

"小聪明"并不能让你得到更多

俗话说:"聪明反被聪明误。"这里所说的"聪明"便是"小聪明","小聪明"看似能拥揽更多,实则是人生失利的表现。"小聪明"容易把春光看作秋风,把日出看成日落,常以品尝自酿苦果为结局,以自造凄凉、折磨自我而草草收场。耍"小聪明"是一种精力的无故损耗。用"小聪明"处世,便会将精力过多地花费在处心积虑的谋算上,而且结果往往是没能得逞于世,反而为此遭遇恶果。为私利而动用上小聪明,便会受到大家的冷落,为谋权攀位而动用"小聪明",便会由于根基不牢而坠下权位,遭受摔打之痛。以"小聪明"的态度处世,不仅不能获得更多,反而还会损失巨大。

成功的人生需要智慧。人生真正的智慧与知识无关,有些人虽然知识渊博、学富五车,却也没逃出"小聪明"的人生。清朝的和珅便是其中之一。

和珅是一个聪明绝顶的人,拥有善辩的口才和灵敏的思维,他可以一句话化解危机。他曾任《四库全书》的主编,而纪晓岚只是当时的一个编委；他曾婉言劝说乾隆皇帝废除文字狱，这才使之后的读书人对文字少了一些恐惧；他曾花重金聘请高鹗续写《红楼梦》，因此世人才有幸读到了《红楼梦》的全集。

但是即便如此，人们却还是将他与"小聪明""小伎俩"联系起来，因为他所做的一切都是私心所致，即便是做了好事，也是他私心歪打正着的结果。和珅不懂治国统军，毫无功业，但是却能身兼数职；不悉心担当职位，却能巨额敛财，"小聪明"让他风光无限、福禄丰厚。在职25年中，和珅收敛各种财富共计11亿两白银之多。

他所获得的一切都来自"小聪明"，而他所承受的一切也都源于"小聪明"。和珅的敛财有目共睹，但是一直因其能言巧辩而深得年老的乾隆帝的赏识，从而苟且偷生，几十年极尽欢乐。在嘉庆帝继位后，便宣布了和珅的二十条大罪，将其判处死刑。

和珅一生享尽荣华富贵，但是最终却自尽于狱中，可谓是人生终结惨淡不堪。而他的贪官生涯也成为他人生历史上的一笔浓重的、永远也无法抹去的污点，使它背负了万年骂名。

"小聪明"是自私的产物，带有个性的弱点，它不是人生智慧，反而是一种对人生的亵渎。人生真正的智慧只与德行有关，厚德可以载物，只有真诚于世，不耍诡计，才算是掌握了人生的大智慧，大智慧是思想与善良的产物，是行动与诚信的结合。只有那些拥有大智慧的人，才能真正获得智慧赋予的财富，拥有一个辉煌的人生。

丹麦著名作家安徒生，有一次戴着一顶破旧的帽子上街。一个喜欢讽刺别人的男子看到后，上前嘲笑安徒生："先生，你脑袋上戴的那是什么东西？它算是一顶帽子吗？"安徒生听到后平静地说："先生，你帽子下面的那是什么东西？它能算是一个脑袋吗？"

安徒生的一席话，不仅击碎了对方恶意嘲讽的小伎俩，也让一场口舌硝烟散于无形。可以说安徒生是一个大智若愚的人，这与所谓真正的大智慧并无两样。安徒生幼时家境贫困，他不得不时常和饥饿打交道。但是他却有一个在别人看来似乎"异想天开"的想法：他想成为一个艺术家，一个舞蹈家，一个歌唱家。这些在别人眼中成了天大的笑柄，为此他常常受到别人嘲讽，被看作是一个"愚蠢"的家伙，但是安徒生却对此深信不疑。

在1822年，年仅17岁的安徒生便开始了他的创作生涯，最初主要撰写剧本和诗歌。在进入大学后，他的文学创作日益成熟，并出版了诗集，发表了游记和歌舞喜剧剧本，后来以童话创作为主。

在文学创作中，安徒生以诗意美的笔调和戏剧性的诙谐幽默，将现实社会的美丑善恶一一叙写。而一如他的创作风格，安徒生也拥有着诚实的品性和安然、真实的处世风格，他的真诚也使他赢得不少亲密无间的朋友，而他的作品也因风格真切朴实而深受广大人民的喜爱和欢迎，随着作品的相继问世，安徒生在文学界逐渐成为当时最受欢迎的童话大师之一。

至今，安徒生仍然是童话文学领域无人企及的代表，被人们誉为现代童话之父。

安徒生不善言谈，但却不乏智慧；不会伎俩，但却有能力将其制服，这就是大智慧，一个曾被人嘲笑为愚蠢的"空想者"，最终却成为享誉世界的著名文学大师。

当一些人还在耍奸计、勾画伎俩时，他早已用宝贵的真诚感染了整个世界，以真实的做人原则获得了至高无上的人格殊荣，这是他的大智慧所赋予他的，这种智慧与其一生相伴，并且世代相传，成为世上一盏永不熄灭的灯火，照耀着我们的智慧生活。

小聪明看似收获财富，但是终将导致恶果；大智慧看似不通世事，但却是大智若愚，终以抱得财富人生。小聪明动用的是成就小事的思想，而大智慧则动用成就人生的思想。对于人生来说，小聪明实则就是一种愚蠢，放弃真诚、诡计于世，不仅赢不得朋友，更会丢失一切有关美好的人生体验，只有把握得住人生的大智慧的人，才能真正拥有智慧人生。

人生感悟

在现实生活中，真诚就是创造良好人际关系的最原始基石，用真诚的心去面对世界，面对你身边的每一个人，去做每一件事，你便是在履行你的人生大智慧，便是在收获成功与财富。

锻造个人魅力，打通人脉圈

关于成功的条件，人们提到最多的往往就是实力，古语讲："酒香不怕巷子深。"有实力的人，就像这万里飘香的酒，即便藏得再深也挡不住实力的香醇。然而在现代社会，酒香也怕巷子深，如果不吆喝、不宣传，再香的酒也只能留在家里自己享用。如果你有实力却不懂得通过社交展现自己的长处，积累自己的人脉，借人行事，那么你的实力也无处施展。

成功不是孤军奋战，俗话说：一个篱笆三个桩，一个好汉三个帮。一个人想要有所建树，就要走出去，多结交朋友，将其化为成功的后盾，并借助人脉的力量去做自己的事。这就要求我们在人际交往中注重交往的高效性，建立起对自己有帮助的人际网，在每一个熟悉甚至见面甚少的人那里都尽可能地留下好印象，这样我们拥有的就不仅仅是良好的人际关系，在我们追求成功的路上，也会对我们起到非常大的帮助作用。

现任中国娱乐网CEO的高燃是商务领域崛起的80后中很值得人们关注的一位年轻人。他出身农村，却身价过亿；他没有任何家庭背景，却八面逢源；他没有优越的家庭，却有着舍我其谁的霸气。有人说他的成功得来不易，也有人说他的成功来得理所应当，不易在于他从家乡一路走来的足迹，应当则因为他不断积累的扎实人脉。

1981年，高燃出生在湖南省一个农民家庭，由于家庭贫困，成绩优异的他不得不选择中专，但是后来凭着自己的聪明与用功，1999年夏天，他接到了清华大学的录取通知书，走进了那个当时令他想都不敢想的高等学府。

2003年，大学毕业后的高燃进入一家报社做财经记者，并且还被报社评为当年最佳新记者。但在8个月后，对IT领域一窍不通的高燃却骤然投身IT界创业。第一次创业，就成功地获得了远东集团董事长蒋锡培100万的创业投资。很多人对此大为吃惊，其实这正来自于高燃丰富的人脉积累。在上大学时，他组织过不少活动，邀请很多商界名人到清华演讲，一到过年过节，他就拿着一叠名片一个一个打电话问候。与蒋锡培的交情也是高燃在大学时就打下的基础，从那次高燃轻轻拾起蒋锡培滑落到地上的衣服，他们便结下了不解之缘，当然最主要的，是高燃高超的交际才能，每到节假日，高燃都会打电话向蒋锡培问候，蒋锡培过生日时，高燃还特地从上海跑到江苏为其过生日，日复一日的点滴人情积累，后来获得蒋锡培百万元的投资，似乎也就成了顺理成章的事。虽然后来高燃的第一次创业因为缺乏经验而归于失败，但是蒋锡培并没有责备高燃，而只是点拨性地告诉他:"团队管理太乱了!这个项目风险很大,但你这个人是没有风险的。"

2005年,高燃拿着仅剩的十几万元与自己的一个大学校友合并公司,凭着人脉网里清华校友的帮助,他成功地融进了1000万美元的风险投资,几个月后,公司身价又飙升过亿,对于初出茅庐的高燃,很多人都感到好奇:"刚刚出来创业,竟然就能有如此的成就?"其实,高燃的管理之路早在他中专毕业后就开始了。17岁时,他便接管过一家公司,管理一个将近100人的团队,正是在社会洪流中的历练,使高燃拥有了一如既往的霸气。支撑高燃创业的另外一个重要原因就是他多年来积累的人脉。从进入IT界开始,高燃便开始不断结交IT界的名流。多年的人脉积累给高燃所带来的不仅是精神上的辅佐和宽慰,还有就是事业上的助力和推动。

人生感悟

有一句谚语说:好的开始是成功的一半,其实对于我们来说,获得人脉的扎实积累就是提前到来的那一半成功。当然成功还需要实力做基础,不断积蓄实力也是必需的。所以在成功的路上,我们要不断丰富自己,用个人魅力感染人,不断丰富自己的人脉圈。

本色做人可以广交朋友

俗话说:"在家靠父母,出门靠朋友。"朋友是我们人生中的一笔巨大的宝贵财富,朋友在我们颓废时给我们动力,在我们迷茫时指给我们方向,在我们身处困境时给予我们援手,甚至在我们迈向成功时甘愿担当我们脚下的一块基石。不少人认为真心为己的朋友总是屈指可数,很多所谓的朋友只不过是酒肉之交。其实,我们完全能够拥有庞大而真诚的朋友群,关键是我们是否能以真诚的态度对待别人,是否能在交际中保持本色姿态,始终以真我示人。

哲学大师巴尔扎克说:"坦白直爽,最能得人心。"得人心者得天下,以生命最真实、自然的本性与人相处,坦率做人,真诚待人,便能吸引他人的真诚,吸引越来越多的真心朋友,获得别人的喜爱和尊敬。世界著名画家毕加索便是本色交友的典范。

在这位著名画师去世之后，曾有很多人给其冠以专横、爱财、自私的恶名，甚至把他描写成"魔鬼""虐待狂"，但是在2004年，一位年逾95岁高龄的理发师厄热尼奥·阿里亚斯在巴黎毕加索博物馆所展出的个人资料，让所有人重新认识了另外一个毕加索。对于这个比自己年长28岁、与自己友谊保持了长达30年的朋友，阿里亚斯始终都抱着友爱和尊敬。

20世纪，在法国瓦洛里的一家理发店里，理发师阿里亚斯与前去理发的毕加索成为了好朋友。时间长了，阿里亚斯便成了毕加索家里的常客，阿里亚斯在毕加索的画室中为毕加索剪头发、刮胡子，两个人总有说不完的话，看到阿里亚斯徒步前来为自己理发，毕加索更是慷慨地送给阿里亚斯一辆小汽车。毕加索在不作画时，还邀请阿里亚斯一同去看小城举办的斗牛比赛。他们无论做什么，都有如亲人一样融洽自在。

当听到身边有人说毕加索的坏话时，阿里亚斯总会为毕加索维护声誉。有一次，一个人在阿里亚斯面前说毕加索是"吝啬鬼"，阿里亚斯立刻反驳道："对一个你并不熟悉的故人进行这种攻击是幼稚和卑鄙的，毕加索一生都在奉献和给予。"

阿里亚斯对毕加索的尊敬和友爱，在于毕加索所表现出的本我性格。毕加索在阿里亚斯的理发店理发时，经常会有顾客认出他，并且恭敬地表示要毕加索先理头发，但是他却从来不愿享受这种特殊待遇，很少表现出艺术大家的架子。

1946年的一天上午，阿里亚斯接待了一位面容憔悴的顾客，这个人当时刚从纳粹集中营放出来没多久，名字叫雅克·普雷维，而恰巧毕加索也前来理发，看到普雷维卷起袖子的胳膊上鲜明地烙着"186524"的号码，毕加索不禁潸然泪下。也正是毕加索的这种毫无掩饰的真我表现，同时赢得了普雷维的友谊。在与普雷维相处中，毕加索不仅给他钱，而且还带他到疗养院修养。

特别是带着普雷维参观自己画室的时候，这位享誉世界的著名画家慷慨地对他的这位朋友说："只要你喜欢，你可以随便挑。"而与毕加索交情甚深的阿里亚斯，在30年的朋友相处中也得到了毕加索慷慨赠送的50多幅画作。1973年4月8日，92岁高龄的毕加索与世长辞，这令他的朋友们悲痛万分，特别是他的挚友阿里亚斯更是失声痛哭，一度沉浸在痛苦中无法自拔。大师已去，但是这并没有带走毕加索和阿里亚斯二人的深厚友谊。在毕加索去世后，阿里亚斯将其生前赠送给自己的画作全部捐给了西班牙政府，并在家乡布伊特拉戈建了一个博物馆，以告慰这位毕生挚友的在天之灵。

在博物馆里，收藏着一只特别的理发工具盒子，这是毕加索曾经送给阿里亚斯的礼物，在盒子上烙有毕加索的一幅《斗牛图》和他的亲笔题词：赠给我的朋友阿里亚斯。这只理发盒子颇有风波，一位日本收藏家曾经找到阿里亚斯，并给了他一张空头支票，意思是希望买下这只盒子，想要多少钱随阿里亚斯便。但是却被阿里亚斯一语回绝了，他坚定地回答道："不论你用多少钱，都无法买走我对毕加索的友情和尊敬。"

的确，真正的友情是无价的，它不为重金所动，不为权贵所惑，是难能可贵并且不随时间消逝的宝贵精神财富。同时它也需要用无限的真诚去换取，只有用最真诚、最深厚的情感，才能收获最真诚、最长久的友谊。

毕加索一生成就斐然，辉煌至极，是有史以来第一个在有生之年亲眼看着自己的作品被送进卢浮宫的画家。在1999年12月法国一家报纸进行的民意调查中，毕加索的名字更是以40%的高票荣列20世纪最伟大的十个画家之首。他虽然拥有让人倾倒与折服的过人才华和登峰造极的艺术成就，但是却并没有因此而表现出不可一世的狂妄，他的那些身份普通的朋友们便是最好的证明，他只为真实的友谊而结交朋友，他只愿意以本色自我与别人相处。正是他的真诚与慷慨性格，使他拥有了令他足以信赖终生的友谊，获得了无价的情感财富。

人生感悟

一个人的本色不应该被名望隐藏，更不应被权位束之高阁，因为真正的情感只有依托真诚的交流才能获取，人们只有以坦诚相待的方式相互交流，才能让心与心交融。所以，无论我们身处何位，都应该以本色做人，用最真实的本性表现处世，表现自己真实的一面，真诚地与人相处，这样我们才能收到真实的反馈，同样收获他人的真实与真诚，享受到人与人之间最真切的情感交流，从而拥有真正的朋友。坦诚交流是让人们放下思想包袱，感觉最轻松的沟通方式，如果总能秉承这种本我的处世风格，那么你便能以此吸引越来越多的人，结交到更多朋友。

第二篇

[人无信不立]

诚信是最精明的处世方式

有些人认为只有那些到处"揩油",做事投机取巧的人才是精明的象征。其实这种追权逐利的处世方式并不是真正的精明,疏远了世间真情,背叛了亲朋密友,违背了自己的良心,一生只得权、利、位,注定是一个失败的人生。而提到诚信,人们又往往将其与精明处事对立起来,认为诚信的人一定不通世事。

其实,所谓精明,就是一个人能够合理管理自己的一生。如何才算是真正的精明人生呢?真正的精明不是钱财的无限积敛和对权位的不断攀爬,而是收获世间的真情,获得一世的英名。真情是人世间永恒不变的主旋律,是真情赋予了人类更加美好的象征,是真情的存在让一切变得更加有意义,能够在人生道路上不断吸纳、丰富世间真情的人,才是真正的精明之人。诚信便是人类获取真情的主要方式,懂得诚信待人的人,才能受到他人的爱戴和尊敬,诚信处事的人,才能受到上天的提携和恩赐,拥有真实而美好的人生体验。诚信是一个人的立世之本,是一个人成功的基石,是一个人迈向成功的坐标,那些拥有成功人生的人,都是诚信原则的恪守者。

曾任海星科技董事长的荣海就用多年的创业经历书写出了诚信的魅力篇章。1988年,31岁的荣海投资3万元创建了星海科技,当时他手下的员工只有5名,他一直对员工说:"星海是大家的,大家都有份。"随着企业的日渐发展,1990年,星海科技已经拥有了100万元的固定资产,但是令荣海没有想到的是,当他从深圳跑生意回到西安后,等待他的竟然是公司里三个副手早已酝酿成熟的瓜分公司的计划。就这样,海星科技仅有的100万元被瓜分一空,而且大部分客户也被三个副手带走,海星只剩下一个牌子和一些旧机器。看到有一部分人仍然留了下来,处在悲愤之中的荣海感到十分欣慰,他把那些人召集在一起,对他们说:"你们愿意留下,那么请大家信任我,我荣海一定不会辜负大家的期望,一定要闯出一片天地来。海星永远是大家的,大家都有份!"

恪守着对公司员工的承诺,荣海的工作一刻也不放松,在一年后,他终于抓住了一个商机——代理康柏微机。康柏公司的电脑质量好、价格高,主要运用于军事等领域。1990年,康柏公司打入中国市场,1991年5月,康柏公司的代表来到西安，想委托一家国营计算机企业开拓中国西北计算机市场。但是这家国有企业却久久不能下定决心，这让当时想要重振事业的荣海振奋不已，于是荣海亲自飞往深圳，约见了康柏集团的中国区负责人，与他谈条件，表示希望获得这次合作机会，成为康柏公司中国西北地区的代理商。也许是对海星科技的实力不够信任，所以对方提出了一个近乎苛刻的代理条件：一年要做够1400万美元。如果达不到，那么不仅中国的代理权资格取消，而且投入的资金也一律不退还，这对于当时的星海科技的确有一些困难。对方似乎是想以此打消荣海与其合作的念头，但是荣海咬咬牙，还是签下了协议，成为了康柏公司的代理商。接着，荣海率领公司员工披荆斩棘，全力以赴，投入了繁忙的代理业务中，"海星永远是大家的，大家都有份"的承诺始终激励着公司里的每一位员工，大家都为了海星的发展贡献着自己的力量。半年之后，荣海的海星科技拿到了900万美元的订单，这不仅对当时海星科技来说是一个大突破，而且在当时的西北地区的企业中也是一次不小的震撼。随着业务越做越好，荣海在外地也设立了自己的分公司。良好的代理成果也逐渐赢得了康柏公司的信任，就在那年年底，海星科技获得了康柏公司在整个中国的总代理权。随着这一场"代理战"，海星公司的资本迅速积累，全国各地的分公司也不断扩展壮大，海星科技迅速在商界崛起，成为商界一颗冉冉升起的新星。如今，海星科技已经发展成为一家具有固定资产60亿元且在国内颇具影响力的商业集团。

荣海在谈到用人原则时曾说："我一直认为，只有具有人文情怀的人才能当领导。但这样的人又往往容易感情用事，因此我提倡制度下的情感管理。"对员工信守承诺，让荣海拥有了强大的创业后盾，多年的诚信积累让他手下的员工工作起来任劳任怨，而对客户的信守承诺，也让他在商界奠定了很高的信誉，对他来说，这些是比有形资产更为丰厚的财富，是他诚信处事的态度成就了他的人生。虽然荣海已在2008年卸任董事长的职务，但是他人生中的光环却不会消失，而诚信便是他人生中最闪亮的那一环。

李嘉诚曾说："你必须以诚待人，别人才会以诚相报。"的确，任何事物都只有在付出后才能得到回报。不要因为对人对事过于诚实而认为自己不够聪明，诚信才是最精明的处世原则，诚信为人，才能获得他人的真诚反馈，诚信做事，才能体味到诚信所带来的价值和作用。诚信不仅是经商之人需要遵守的商场法则，同时也是每一个人应该恪守的处事原则。在生活中做一个恪守诚信的人，真诚对待身边的每一个人，拿出诚信的态度做好每一件事，那么你便会成为吸引美好的个体，收获世界的真诚回馈，拥有一个成功的人生。

人生感悟

诚实比一切智谋都好。

一诺千金是美德

季布，秦朝末年楚国人，此人性情耿直，乐于助人，最可贵的是他特别讲信用，凡是他许诺过别人的事情，无论如何他都会想方设法办到，兑现承诺，从不食言，哪怕是赴汤蹈火也在所不辞。当时楚地流传着这样一种说法："得黄金百斤，不如得季布一诺。"意思是说如果能够得到季布的一句应诺，比得到什么都宝贵。

楚汉战争时，季布和他的舅舅丁公都是楚军将领。季布骁勇善战，曾多次奉西楚霸王项羽的命令围困汉军，迫使汉王刘邦一推再退，险些丢了性命。及至项羽乌江自刎之后，其舅舅定公归顺了刘邦，季布不愿意投降，不得不落荒而逃。

刘邦在楚汉战争中获得胜利，建立了汉王朝，当上了皇帝，即汉高祖。刘邦对季布恨之入骨，于是发出诏令，一定要捉住季布，并以黄金千两作为赏金。诏令中还写道："谁要是胆敢窝藏季布，不但本人要格杀勿论，还要罪及三族，满门抄斩。"季布只得东躲西藏，四处逃命。

俗话说"善有善报，恶有恶报"。季布生平取信于人，做了那么多侠义的事情，在他危难的时候，当然会有人救他。一天，季布躲到了濮阳一个姓周的人家，周氏知道他是季布，就非常诚恳地对他说："汉朝捉拿将军，马上就要搜到我家了。不是我不愿意帮助将军，实在是迫不得已，不便让您在我家躲藏啊。将军如果愿意听我一句劝告，我就给您献上一计，如果您不愿意听，我情愿先自杀，以报答将军对我的恩德。"

季布没有别的办法，只好答应周氏。周氏便让季布剃掉头发，带上颈圈，穿上粗布衣服，打扮成一个奴隶的样子，然后把他放到装有柳条的车中，送到原来的鲁国，改名换姓，卖给了一个叫朱家的义士。

朱家知道这个人就是季布，有心要保护他，买下他后便让他去管理田园，并不让他做苦重的活计。同时还嘱咐儿子说："田园的事情就让他做主，吃饭的时候他要和我们同桌，不能把他当作奴隶看待。他曾经有恩于我，你要好好地待他！"然后，自己则采办了许多礼物，驾车赶到洛阳，去见汝阴侯滕公。

朱家和滕公早就相识。二人好久不见，当然有很多话说。两个人喝了几天的酒，在席间，朱家问滕公说："季布犯了什么罪，陛下这么急于抓他？"滕公说："季布曾经帮助项羽围困陛下，害得陛下差点丧了性命，所以陛下非常恼恨他，恨不得将他碎尸万段。"朱家又问："您知道季布是个什么样的人吗？"滕公回答说："这个我当然知道了，而且天下人都知道。季布是个有名的诚信之士，而且是个不可多得的人才呢！"朱家见滕公这样说，就趁机给季布说情："是啊，作为臣子当然要为自己的主人效力。季布当年是项羽的臣下，围困陛下那也是为主效力，并没有什么错啊。难道做过项羽的下属，就一定要杀吗？现在汉朝刚刚建立，陛下正是需要用人之际，却偏偏因为个人恩怨而杀了这样一个有才德的人，岂不是很可惜吗？这样不但显得陛下小肚鸡肠，而且对于季布这样一个难得的人才，如果你把他逼急了，他投靠了胡人，或者投奔南越人，那么这岂不是对汉朝形成很大的威胁吗？您何不找个机会把这些道理奏明陛下呢？"

滕公听朱家这么说，就明白季布很可能藏在朱家的家里。他其实也很赞赏季布的为人和学识，如果季布真的能为汉王朝效力，那么大汉天下真的可以稳固了。于是，他就答应了朱家的请求。

过了不久，滕公借故去面见汉高祖刘邦。他说："皇上刚得天下不久，正是用人之际，然而您却因为个人恩怨下令捉拿季布，这恐怕不是什么高明的做法。况且季布是个侠义之士，国人都知道'得黄金百斤，不如得季布一诺'，因而天下的人都很敬重他。受过季布恩惠的人，季布的朋友们，都愿意以死保护他。如今皇上追捕得紧，说不定他已经逃到北匈奴或者南越那里了，如果将来他投到敌国那里再来和您作对，那您不是更头疼？皇上何不赦免季布，使天下人都知道皇上珍爱贤才？"

滕公的一番话，说得汉高祖刘邦不住地点头称是。于是，他下令特赦季布，并下诏召回季布，封季布为郎中，为朝廷效力。

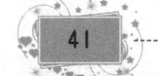

第二篇 ◆ 人无信不立

人生感悟

如果有人评价你是个一诺千金的人，那么你就是个成功人士。

受人之托应尽自己责任

222年春，刘备病危，急忙把诸葛亮召回，托付后事。他对诸葛亮说："您的才能超过曹丕十倍，一定能安定天下，最后统一全国。假如我的儿子值得辅助就辅助他，如果他没有什么才能，您可以取而代之。"诸葛亮含着眼泪说："请您放心，我一定竭尽全力辅助后主，忠贞不二！"刘备又写一下诏书告诫儿子刘禅说："你和丞相一起治理国家，对待他要像对待父亲一样。"

刘备去世后，后主刘禅封诸葛亮为武乡侯，设立丞相府，处理国家军政事务。不久，又让他兼任益州牧。政事无论大小都由诸葛亮决定。当时，南部地区的一些州县发生叛乱，因为新遭国丧，所以诸葛亮不便派兵镇压。225年春，诸葛亮率大军前去征讨，到秋天就平定了南部的叛乱，于是整军练武，准备向中原进发。

227年，诸葛亮率领各路大军进驻汉中，临出发前，他给后主刘禅上奏章说："我自从接受先帝遗命以来，日夜担忧，唯恐托付给我的事情我做不到，而损害先帝的知人之明，所以我不惧危难，于五月间统领大军渡过泸水，深入到荒凉的地方去作战。现在南方诸郡已经平定，兵力、武器已经准备充足，是到了奖励三军、北定中原的时候了。我愿竭尽自己微薄之力，铲除凶敌，复兴汉室，重新还都洛阳。这就是我报答先帝、效忠陛下所应尽的职责啊！"

此后，诸葛亮曾经先后六次伐魏争夺中原，为蜀汉立下了极大的功劳。234年8月，诸葛亮病重，死于军中，终年54岁。诸葛亮临终前嘱咐，把自己安葬在汉中定军山，依山造坟，坟墓只要能容纳下棺材就行了，入殓时穿平时的衣服，不需要其他殉葬品。

后主刘禅下诏策祭他说："上天赐予您文武兼备的才能，英明而忠诚。您接受先帝托孤的遗命，教导我、帮助我理政，使将要灭绝的刘氏政权得以继续存在，已经衰微的皇室重新兴盛起来。您立下平定大乱的志愿，整顿军队，连年出征。您的英明威武使人们都感到惊讶，您的军威震慑八方。您建立的特殊功勋，高出伊尹、周公在殷、周时代所建立的伟大功勋。怎能使人不悲伤呢？在功业将近完成的时候，您遭病亡故！我因为悲痛，肝和心就像破碎了一样。我们将推崇您的美德，评定您的功勋，按您生前的行迹加封谥号，使您的美德发扬光大，永载史册，永垂不朽！现在派使者持节左郎中将杜琼，赠给您丞相武乡侯的印绶，赐给您的谥号为忠武侯。如果您的灵魂有知的话，一定会以此感到光荣。呜呼哀哉！呜呼哀哉！"

人生感悟

受人之托尽己之责，这样的人处处受尊重。

诚信者成大事

齐桓公，姓姜，名小白，是春秋时期齐国人。他是宋襄公的弟弟，后来做了齐国的国君，在他统治期间，齐国成为春秋各诸侯国中最强大的国家，齐桓公也被后世列为春秋五霸之一。

齐襄公做太子的时候，曾经和堂弟无知发生了争执，以致二人大打出手，伤了兄弟之间的和气，二人也从此结下了仇恨。无知是个睚眦必报的人，他对齐襄公耿耿于怀，后来就找了个机会把齐襄公给杀了，自己做了国君。齐襄公的亲生弟弟们怕受到牵连，纷纷逃到别的国家避难。其中公子纠逃到了鲁国，谋士管仲跟随他；公子小白则逃到了鲁国，鲍叔牙辅佐他。

一天，刚刚登上君位的无知到齐国的一个封地雍林去游玩，因为无知曾经和雍林人结下了仇怨，所以这里的人们很恨他，雍林人就趁他在郊外游玩的时候，给他一个突然袭击，把他杀死了。然后，雍林人就告诉齐国的士大夫们说："无知是个犯上作乱的小人，他杀了襄公自立为王，这是要遭到天诛的，我们替天行道将他给杀死了，请你们在诸位公子中再找一位贤德的人，重新立他为王吧！"

士大夫高傒从小就与公子小白关系很好，无知死后，高傒等人就秘密地将这个消息告诉给了小白，让他尽快回国继承王位。与此同时，鲁国的国君也听说了无知被杀的消息，他就赶快派人请公子纠回国，同时还派管仲带兵在鲁国至齐国的必经之路上设下了埋伏，拦截公子小白，让他不能先期回国。当公子小白一行人来到管仲等人埋伏的地点时，管仲一箭射去，正好打中小白身上的衣带钩。小白急中生智，跌落马下，闭上双眼装死，跟随小白的人也都停下脚步，放声号哭。由于管仲距离小白一行人较远，不知道小白在使诈，以为他真的死了，于是就立刻派人去禀报公子纠，说公子小白已经死了。公子纠听到这个消息，顿时轻松了许多，于是就放慢了前进的速度，一路悠闲地往齐国方向走。与此同时，公子小白则快马加鞭，六天以后他率先赶到齐国，顺利地当上了国君，也就是齐桓公。

齐桓公继位后的第一件事情，就是派人去抵御护送公子纠的鲁国军队。公子纠没有办法，只好又逃回鲁国。但他不死心，当年秋天，又与齐军在乾时展开大战，但是鲁军大败而逃。齐军则乘胜追击，截住了鲁军的退路。这时，齐桓公写信给鲁国国君，说："公子纠是我的同胞兄弟，我不忍心杀他，但是他为了与我争夺王位，竟然派人杀我，与我为敌，请您把他杀了吧。而他的谋臣召忽、管仲则是我的仇人，请您把他们遣送回齐国，我要亲自把他们剁成肉酱！如果您不同意，我就派人攻打您的都城！"鲁国国君没有办法，只好按照齐桓公的意思办。召忽听到这个消息，心想与其被剁成肉酱，还不如自杀，还能留个全尸，于是便刎颈而死。管仲则束手就擒，被送回了齐国。

齐桓公的确想杀死管仲，以报那一箭之仇。但是他的大臣鲍叔牙对他说："我三生有幸，得以追随您左右，如今您已经登上王位，而我再也没有能力帮助您成就更大的霸业了。您要想把齐国治理好，有我和高傒就可以了。但是我知道您的志向远大，您要在诸侯中称霸，那么就非用管仲不可啊。管仲被哪个国家重用，哪个国家就能强盛，他是个不可多得的奇才啊！您一定要争取他为齐国所用啊！"于是，齐桓公决定不杀管仲，并重用他。

管仲与鲍叔牙是多年的好友，他深知鲍叔牙一定会向齐桓公推荐自己的，所以才敢束手就擒。管仲的囚车还没有到齐国的都城，鲍叔牙就去迎接管仲，让士兵给他去了枷锁、脚镣，到了都城后，鲍叔牙又安排他沐浴更衣，并以好酒好菜招待他。第二天，齐桓公以隆重的仪式拜管仲为大夫，请他主持国政。

在此之后，鲁国又派大将军曹沫三次领军攻打齐国，但是每次都是大败而归，破齐国夺去了大片的领土。鲁庄王害怕齐国乘胜追击，把鲁国的都城也给占领了，于是就打算与齐国求和，并献出遂邑。齐桓公答应了鲁庄王的请求，两国决定在柯地举行签约仪式。可是两国国君把盟约刚刚签完，曹沫就冲上前去，用匕首抵住了齐桓公的脖子，并威吓说："谁也不要上前，否则我就杀了他。"齐国的谋士和将官们都害怕齐桓公有什么不测，不敢上前，只好问："你想干什么？"曹沫激动地说："齐国强大、鲁国弱小这是事实，但是齐国侵占鲁国的领土也太多了，以至于齐国的边境已经延伸到了鲁国的城墙下。鲁国的城墙一倒塌，就会压着齐国的领土。请你们考虑一下吧！"言下之意就是，你们把侵占鲁国的土地都还给鲁国，否则就对你们国君不利。

齐桓公被曹沫胁持，刀子架在自己脖子上，他知道如果不答应曹沫的要求，自己肯定活不成。于是就急忙对曹沫说："好好好，我答应你把侵占鲁国的土地都还给你们。"此话一出，曹沫果然放下了手中匕首，放开齐桓公，将他推到齐国臣子的行列中。

齐桓公对此恼羞成怒，脱险后就想违背信约。这时，管仲对他说："您这样做不妥，人家劫持您是不想和您订立盟约，您事先没有料到这件事，这说明您并不聪明；您面临危险，不得不听从人家的威胁，这说明您不是十分勇敢；您答应了人家却又不想兑现承诺，这说明您不讲信用。作为一国的国君，您既不勇敢，又不聪明，现在您又想不讲信用，失去了这三点，还会有谁会真心服您呢？而如果您如约还给鲁国土地，这样世人就会给您诚信的美名，这比起鲁国的土地要有价值得多啊。"齐桓公听了，觉得管仲说得很有道理，就如约把侵占鲁国的土地归还给了鲁国。

诸侯们听说了齐桓公信守诺言的这件事情，都觉得齐桓公是个值得信赖的人，因而都纷纷依附齐国。两年以后，诸侯接受齐桓公的邀请，到甄地聚会，他们心悦诚服地请齐桓公主持大会。从此，齐桓公成为诸侯公认的霸主，开始号令天下，创造了"九合诸侯，一匡天下"的辉煌业绩。

人生感悟

纵观古今中外，成大事者往往都是些注重诚信的人。

言而不信，不知其可也

越王勾践24年（前473年），越大夫范蠡等人侍奉越王勾践，苦身戮力二十余年，十年生聚，十年教训，终转弱为强，于是年大破吴师，迫使吴王夫差自杀。范蠡因功被封为上将军，备受各国诸侯青睐。范蠡却认为"盛名之下，难以久居"，又看出勾践为人"可与之共患难，不可与共安乐"，遂乘船浮海出走，北上入齐，隐姓埋名，自称"鸱夷子皮"。父子治理产业，勤奋努力，不久便积财数十万。齐人闻其贤，以为相。范蠡认为久享尊名，不祥。遂归相印，迁居于陶（今山东定陶县西北）。以计然富国之策经商，终富埒诸侯，世称"陶朱公"。

朱公居陶，喜得少子，少子长到壮年，朱公的二儿子杀人犯罪，被囚禁于楚国。朱公闻听，言道："杀人抵命，理所应当。然我听说'千金之子不死于市'。"便令他的小儿子到楚国去探望，临行时，小儿子带了一千镒（一镒等于20两）黄金，置于粗布袋中，并用一辆牛车装载布袋。小儿子将要上路，朱公的大儿子也执意要去，百般央告，朱公就是不答应。大儿子十分不悦，对朱公道："长子职责，名为'家督'，如今二弟犯罪，父亲不派长子去探望，偏偏派小弟弟去，就等于是责我不贤了。"言罢，声泪俱下，就要自杀。其母见状，亦向朱公为长子讲道理："夫君仅派少子前往，是否能救活二儿子，还未可知，如今又要白白地死了大儿子，如何是好？"朱公无奈，只好派大儿子也去探望，并写信一封令其长子携带，要大儿子至楚后，务将信先交给他的老朋友庄先生。临行时，朱公反复叮嘱长子道："到了那里，一定要将千镒黄金送到庄先生家中，任凭他来处置，凡事悉听庄先生。千万不要和他争辩。"

大儿子到了楚国，找到了庄先生的家。只见庄先生家境贫寒，室内并无任何豪华的陈设，唯有几件简陋的生活用具而已。几间破旧的房屋靠近外城，前面是一大片野菜地。当地居民皆为贫民，并无一家富户，是都城附近的一处贫民窟。大儿子见状，心中有些犹豫。对请庄先生帮助救活二弟之事表示怀疑，但出于父命，大儿子还是拿出朱公的信及千金送与庄先生。庄先生收下千金，看完信，便对朱公大儿子说道："你可以走了，不要在这里停留。如令弟果真被赦免出狱，也不要去追根问底。"大儿子告别庄先生出来，并未返回陶地。也不相信庄先生真有回天之力，挽救二弟一命。遂又用私自带出来的黄金，去贿赂楚国的一些权贵。

庄先生虽然住在贫民窟中，却是安贫乐道的高士。他为人清廉，忠信正直，闻名于楚国。楚王及群臣，各地来楚的读书人，都非常尊重他，把他当作传业授道的老师，他之所以收下朱公大儿子送来的千金，并不是有意接受，只不过将千金视为信物罢了，准备将事情办妥后再送还给朱公。

当朱公的大儿子走后，他便对自己的妻子说："这是朱公的黄金，如果我生病去世，你务必记着日后归还于他。"

庄先生选择了个适当时机进宫去会见楚王，对楚王道："昨晚我观星相，见天上有的星星移动了往常的位置，恐怕对楚国不利。"楚王历来尊重庄先生，便问道："如今该怎么办呢？"庄先生答道："只有兴德政，行善事，才可以消除。"楚王道："先生您休息去吧！寡人立即照办。"于是，楚王便派遣使者封闭了储存金、银、铜三钱的库房。楚国受贿的权贵们得知消息，忙派人告诉朱公的大儿子道："国王就要大赦，令弟可以得救了。"朱公的大儿子问道："何以见得？"使者答道："楚王每次大赦，都要封闭储存三钱之库。昨夜三钱之库已被楚王下令封闭。"大儿子不知楚王大赦实出于庄先生之谋，私自忖道："既已大赦，二弟自当释放，枉送千金与庄先生，毫无意义，不如索回。"于是，大儿子又去见庄先生。庄先生见他到来，非常惊讶，问道："你还没有走吗？"大儿子道："是的。当初是为了二弟之事来见庄先生，如今听说就要大赦，二弟自当释放，故来向先生辞行。"庄先生知其来意，微微一笑道："既然令弟即将释放，那千金你还是取走吧！"大儿子并不谦让，挺身进屋将黄金携带而出，昂然而去。

庄先生被小儿辈耍弄一番，觉得非常难堪。他认为：不讲信义之人。不值得帮助。便再次入宫去见楚王，对楚王道："君王大赦天下，以德回报是自然再好不过。可是我在外面，闻听陶地的富豪朱公之子杀了人，现因禁在楚国，他家用很多金钱来贿赂君王身边的人，所以，外面纷纷传说君王并不是体恤楚国百姓而实行大赦，实际上是为了朱公之子。"楚王闻言大怒道："寡人虽然不德，又怎能为朱公之子而实行大赦呢？"遂下令将朱公之子斩首。朱公之子死后的第二天，楚王方正式下达赦令。朱公的大儿子只得带着二弟的尸首返回家中。

他们的母亲和邻里都很悲痛，只有朱公知道其中原委，喟然长叹道："我本来就知道大儿如去二儿必死，所以才不令其至楚。大儿非不爱其弟，只是吝惜钱财，不晓得人之处世交往之道。庄先生乃义士，何看重金钱，不过气恼大儿不讲信义罢了。大儿自幼与我一起受苦，知谋生不易，所以不轻易使财，故失信义于人。至于家中小儿，生长于富有之时，只知乘华车、骑骏马、逐野兔，不知钱财来之不易，平时大手大脚，不吝惜钱财，所以，我才执意要派小儿子前去。小儿子能办到的事，大儿子却办不到，结果使二子被杀，此乃事之常理，不值得悲痛。我本来就日夜等待丧信的到来呀！"

人生感悟

人之处世交往须重信义，不可反复无常，用人朝前，不用人朝后。重财轻义，刻薄待人，必失于友，为人所唾弃。朱公大儿之事，当为一鉴。

讲诚信就是讲原则

春秋时期，吴国国君寿梦膝下有四个儿子，在吴王的这四个儿子中，以小儿子季札最为聪明。因此，吴王很喜欢他，并希望将来把王位传给他。

但季札听说父王打算把王位传给自己后，并没有表现出一丝的兴奋，反而坚决不肯接受。他对吴王说："父王，您还是把王位传给大哥吧。您与其把王位传给我，不如让我为吴国四处拜访邻国，这样对吴国更好啊。"吴王听到儿子这样为大局着想，不禁拍拍他的肩膀说："嗯，你真的是我的好儿子啊。这样吧，我现在就赐予你一把代表吴国的宝剑，让你代表吴国出访。"

这样，季札就遵从父王的命令，出使各诸侯国。他第一站来到了徐国，受到徐国国君的热情款待。季札和徐国国君很谈得来，于是很快就成了无话不谈的好朋友。季札在徐国国君的盛情邀请下，在徐国多待了几天。

一天，徐王正在与季札促膝长谈，说话间，季札忽然发现徐王有点分神，他的视线总是时不时落在自己佩戴的宝剑上，眼神中透出几许欣赏、几许爱慕。季札看在眼里，记在心中。几天后，季札就要离开徐国了，徐王为他设宴送行。宴席上不但有美酒佳肴，还有优美动听的音乐，季札为这一切美好的东西陶醉。当酒喝道尽兴的时候，季札起身，抽出佩剑，一边唱歌一边舞剑，以助酒兴，也表示对徐王盛情款待的感谢。

季札的这把剑可不是一般的剑，它的剑鞘精美大方，上面雕刻着蛟龙戏珠的图案，镶嵌着上等的宝石，在灯光照耀下显得尤其漂亮。此剑剑锋犀利，是用上好的钢制成的，看起来寒光闪闪，令人不寒而栗，挥舞起来更是银光万道，威力无穷，吴王禁不住连声称好。季札早就看出徐王喜欢这把宝剑，于是就打算把这宝剑送给徐王以做纪念。但是，这把剑是父王赐给他的，是他作为吴国使节的一个信物，他到各诸侯国去必须带着他，才能被各诸侯国接待。现在自己的任务还没完成，怎么能把它送给别人呢？

俗话说，"君子不夺人之爱"。徐王心里明白季札的苦衷，尽管十分喜欢这宝剑，但是也没有说出口要季札送给自己。季札也知道徐王是个正人君子，是决不会提出这样的要求的，如此一来，季札就更加欣赏徐王这个朋友了。临分手的时候，徐王又送给季札很多礼物以作纪念，季札为徐王的热情和体谅深深感动，于是在心中许下诺言：等我出使各国归来，一定要把这宝剑送给徐王。

几个月后，季札完成使命，踏上了回国的旅程，刚到徐国，他就不顾旅途劳累，直接去拜见徐王。然而出乎意料的是，徐王已于不久前去世，季札痛苦万分。他怀着悲痛的心情来到徐王墓前，跪在地上，深情地对徐王说："徐王，自从上次分别后，我一直盼着早些与您重逢。我知道您很喜欢我这把宝剑，每天我都精心地擦拭，想着再见面的时候，亲手把他送给您。现在我的任务已经完成了，不想您却先走了。我来晚了……"说着就呜呜地哭了起来。哭了一会儿，他把宝剑从腰间摘了下来，双手捧到徐王墓前，然后郑重地把剑挂在徐王墓前的松树上。

跟随季札的随从们见到这情景。都说："既然徐王已经不在人世了，您把宝剑挂在他墓前他也不会知道，您这样做还有什么用处呢？再者说，您当初也没说要把这宝剑送给徐王啊。"

季札擦擦泪水，严肃地说："在离开徐国之前，我就在心里许下诺言，等我出访任务完成后，我就把宝剑送给徐王。君子要讲信用，如今，徐王虽然去世了，但是我还是要履行我的诺言！"

大家被季札的诚信感动了，默默地站在徐王的墓前，心中无限感慨。

人生感悟

一个人讲诚信不因时间、地点、环境的改变而改变，这才是坚持了原则。

朋友相交，贵在诚信

范式，字巨卿，东汉山阳郡金乡人，曾任荆州刺史、泸江太守等职。范式小的时候，家里比较穷。有一次，范式穿着一身破旧的衣服，背着一个旧布包，到一所学堂去上学。老师把他介绍给全班同学，几个富家子弟见范式穿着破旧，就私底下"嘿嘿"地窃笑，并故意刁难他，一个同学还脚下使绊，将他绊倒在地上。这时，一个叫张劭的同学忙上前去，扶起了范式。

放学后，范式感到很孤单，一个人跑到附近的树林去，衔着一片树叶，吹出悠扬而悲伤的曲子。这时，张劭又来到他身边，给他带来了快乐，张劭想学吹树叶，范式就不厌烦地教他，两个人玩得很开心。但过了一会儿，那几个富家子弟也来了，他们再次嘲笑范式的破旧衣服，还有几个人上前扯范式的破衣服，张劭顿时火冒三丈，把他们痛打了一顿。

那几个富家子弟挨了打，心里当然不服气，就去到老师那里告状。老师知道后，罚张邵跪两炷香。范式觉得张劭是为了他才被罚的，不忍心看着张劭一个人被罚。就跪在旁边，同他一起受罚。从此，两个人成了无话不谈的好朋友。

一天，范式把张邵叫到小树林，郑重地向他告别。范式说，家里生活拮据，已经无法为他支付学费了。张劭想出各种办法帮助范式，但范式都一一谢绝了。范式没有什么特别贵重的礼物送给张劭，就把自己一直吹的那片树叶送给了他，张劭则把自己的玉佩送给了范式。两个人约定：十年后的今天，再在这个小树林见面。

一晃十年过去了，范式已经当上了刺史。新官上任伊始，范式就遇上了当年欺负自己的富家子弟李廷——他本来是想巴结新来的官员的，不想这个新官竟然是当年被自己欺负的人。见到范式，他不免有些尴尬，但很快就恢复了常态，与范式称兄道弟，露出一副媚态，还送上了丰厚的礼物。范式断然拒绝了，李廷只好灰溜溜拿着礼物回去了。他愤愤地说："不就是一个小小的刺史吗，有什么了不起的？京城再大的官我都见过，给你送礼是看得起你，哼，咱们走着瞧！"

夜晚，范式坐在桌边，抚摸着张劭送给他的玉佩，喃喃自语："我和张兄约好相见的日子就快到了，不知道他这十年过得怎么样啊！"正想着，忽然听到大门外有人击鼓鸣冤。原来是一个老妇人的女儿在客栈被人给杀了，"凶手"被人当场抓住。范式命人把"凶手"带上公堂，他万万没有想到，这个"凶手"不是别人，正是自己惦念多年的好兄弟张劭。

其实，那个老妇人的女儿并不是张劭杀的，而是李廷害的。出事后，张劭刚好从此路过，于是张劭就成了替罪羊。可怜他一介书生，纵然有百口也说不清楚。范式虽然觉察到这件事情有些蹊跷，但一时无法定案，只好将张劭押入大牢，改日再审问。

真凶李廷担心夜长梦多，真相败露，于是想出了一条毒计，要让张劭把黑锅背到底。他买通了牢房的牢头，让他们故意以范式之名，对张劭施以酷刑，把他折磨得死去活来，此时范式还被蒙在鼓里。

一天夜里，范式换上便服去探监。张劭一见范式，怒发冲冠，大骂他假仁假义，发誓要与他恩断义绝。范式一头雾水，隐约感到事情有些不对劲儿，却又摸不着头脑。

范式决定把这件事情查个水落石出。李廷知道这件事后，立即找来替身自首，并买通京城的大官，诬陷范式办案不力，渎职失守，将他贬为平民。直到一年以后，新任刺史重审此案，才将李廷缉拿归案。

被革职的范式一身布衣，带着行礼返回故乡。途中，他突然想起了十年之约，于是便转身往回走。这时，老管家拦住了他，对他说："您为张劭丢了官，他又对您满腔愤恨，您还去干什么呢？再说，张劭早就回家乡了，您又去会谁呢？"但是范式还是坚持去。

傍晚时分，范式来到那片树林，当年的小树而今已经长成参天大树，他随手捡起一片树叶，放在嘴边吹了起来，悠扬而伤感的乐声回荡在树林里。

天色渐渐地暗了，范式见没有等到张劭，心里很是难过。就在他放下树叶准备离开树林的时候，身后忽然传来悠扬的乐声——张劭正坐在一棵大树下，嘴里衔着一片枯黄的树叶在吹着……

人生感悟

朋友之间，诚信为先，离开了诚信就无交情可言。

诚实不欺是立业之本

世界上假东西太多，它们在一时间也确实蒙蔽了不少人。但假的终究是假的，经不起真实的考验。我们在生活中，靠欺骗手段可能会赢得别人一时的尊重与信任，但远不如诚实更有用。

世界知名的多米诺皮公司，他们在企业的经营活动中，总是始终如一地保证最多在30分钟之内，将客户所订的货物送到任何指定地点。这是他们在众多的竞争对手中得以站住脚的关键所在。这家公司的供应部门在任何时候都能保证公司分散在各地的商店和代销点不会中断货物的供应。如果这些分店和代销点因商品供应不及时而影响受惠者的利益，那就是供应部门最大的损失。

有一次，长途汽车运输货物时出现故障，而车中所运的货物正是一家商店急需的生面团。公司总裁唐·弗尔塞克得知这一情况后，当即决定包一架飞机，把生面团及时送到那个将要中断供应的商店。

"几百公斤生面团，值得包一架飞机吗？"当时有人不理解，提出疑问，"送货物的价值还不及运费的十分之一呢。"

"你们感到奇怪吗？"弗尔塞克总裁回答说，"我们宁可赔偿高额的运输费，也不可中断供销店的供货，飞机为我们送去的不仅是几百斤生面团，而是多米诺皮公司的信誉，是比我们的生命更重要的信誉。"当几百公斤面团抵达那个商店时，这家商店经理欣喜若狂："如果让顾客失望地空着手回去，那可真是我们商店的罪过，我们哪里还会有脸在这里做生意。"在他们看来，不能让顾客满意比什么事情都令人懊丧。

俗话说骗人一时，不能骗人一世。企业要想在商业竞争中获得长久的发展，只能依靠信誉和真诚树立自己的企业形象，能得一分便得一分，不能靠搞欺诈和蒙骗赚钱，这样不但会使广大的社会公众受害，早晚也会使企业本身被消费者抛弃，最终在这个发展的潮流中被拉下马来。现代许多企业长盛不衰的奥秘都在于注重求信誉、讲诚信。

人生感悟

<u>有不少商人把诚实正直这些优秀品质和处世原则贬为不屑一提的东西，甚至认为诚实就是傻，混不开，不吃香，似乎只有"又厚又黑"才能成功，这是错误的。</u>

信誉是不变的承诺

据报载，一架由东京直飞伦敦的波音747客机有353个座位，20名机组人员，飞行一趟需成本1000万元，然而在一次航班中，该机仅载了一名女乘客。何故该航空公司如此不惜血本？原来这架大型客机由于技术故障需延迟20个小时起飞，当时几乎所有的乘客都改变了计划，转乘其他客机，只有山本莉子留了下来，英国同时航空公司按民航惯例，宁可损失巨额成本费用，也为这一名乘客照常起飞，同时赢得了信誉。

良好的经营信誉，是奠定事业成功的基础。企业经营，信誉为最。只有讲信誉、求质量，才有可能招徕大批顾客的信任，从而扩大企业的影响，求得进一步发展。

1917年4月6日，艾哈迈德·奥斯曼出生在埃及伊斯梅利亚城的一个贫苦家庭。他幼年丧父，受舅父影响，幼年时即想当一名建筑承包商。1940年，奥斯曼大学毕业，身无分文。却想实现多年来的梦想——当承包商。为了筹集资金，学习承包业务，他先到他舅父那儿当帮手。他在工作中，注意积累工作经验，常常到施工现场了解提高功效、节省材料的方法。1942年，奥斯曼离开舅父，开始实现他的承包商之梦。

根据在其舅父承包行的工作经验，奥斯曼确立了"谋事以诚，平等相待，以信誉为重"的经营原则，他第一次承包的是设计一个小店的铺面，合同金只有3埃镑，但他煞费苦心，毫不马虎，设计出来的铺面使店主十分满意。正是靠"诚"，他的承包公司在20世纪50年代初已获纯利5.4万美元。

20世纪50年代后，海湾地区发现和开发大量石油，各王室相继加快国内建设步伐，精明的奥斯曼很快把眼光投向海湾地区，在沙特阿拉伯承包工程。他以低价投标、高质量、讲信誉的标准来完成承包合同，并注意吸取西方国家公司的先进经验。这样，奥斯曼公司的工程承包很令沙特王室满意，影响不断扩大。几年后，奥斯曼公司在科威特、约旦、苏丹、利比亚等阿拉伯国家建立了分公司，奥斯曼成为中东地区著名的大建筑承包商。

奥斯曼更是以诚信的原则树立起自己公司在国内的信誉。1960年，奥斯曼公司承包了世界上著名的阿斯旺高坝工程。气温高、设备陈旧、地质构造复杂给建筑带来了重重困难。为了按期完成任务、保证工程质量，奥斯曼组织大批工人和技术人员，严格培训。同时，他大胆引进西方先进的机械设备，代替陈旧的苏联设备。他还注意充分调动工人和技术人员的生产积极性。通过种种努力，奥斯曼公司完成了苏联人认为不可思议的阿斯旺高坝工程第一期高坝合龙工程，为高坝的最终建成立了汗马功劳。阿斯旺高坝工程不仅反映了奥斯曼公司讲求信誉，而且反映了埃及人民的智慧。

奥斯曼公司正是由于重信誉、讲质量，此后还单独承包了埃及许多大工程，公司影响进一步扩大。到1981年，奥斯曼公司的资本已达40亿美元，奥斯曼本人也成为驰名中东地区的大实业家，他终于实现了自己多年来的夙愿。

奥斯曼以诚信为本，不论是在国内还是国外，始终坚持这一经营原则，成为了亿万富翁。他的经营谋略，不能不说是一个经营妙方。

英国管理学家罗杰·福尔克说过："世界上最容易损害一个人威信的莫过于被人发现其在进行欺骗。"在全世界的商界中，犹太商人重信守约是有口皆碑的。他们一旦签订了契约就一定执行，即使有再大的困难和风险也要自己承担。他们认为契约是神圣不可破坏的，所以在犹太商人中，根本就不会有"违反合约"这句话。因此，各国商人在同犹太商人做交易时，对对方的履约有着最大的信心，而对自己的履约也往往有着最严格的要求，哪怕他在其他方面有背信弃义的习惯。我国的一些老字号企业，如杭州的张小泉剪刀、天津的狗不理包子、贵州的茅台酒等何以能够长盛不衰？其关键就在于他们始终讲求信誉，货真价实。正因为如此，才能得到顾客长期的信赖，并为自己赢得了用价值无法衡量的美誉。

人生感悟

诚信，对个人，对公司企业都是至关重要的，有了这面标榜美德，标榜信誉的旗帜，就能在社会上立于不败之地！对于一个企业，一家公司而言，诚信更是它们的生存之本。

凡事因信而成

如果以为信用是一种个人的美德，不应含有任何的功利，那就是混淆了生活的方法与目的，是大错特错的想法。

三国时刘备来投奔曹操，曹操任命刘备为豫州牧。

有谋士对曹操说："刘备有雄才大略而且很得人心，关羽和张飞两位大将，都有万夫不当之勇，而且都甘愿为他尽忠效命。依我看刘备胸怀大志，谋略不可测度。古人说，一日纵敌，数代之患。现在不早点儿除掉他，必为后患。"

曹操点一点头，又征求郭嘉的意见。

郭嘉说："这种想法有道理。不过话说回来，明公你现在起兵的目的，是为百姓铲除残暴的邪恶势力，以真诚和信誉来号召天下豪杰帮助你建功立业。刘备有英雄之名，因为走投无路才来投靠你，假如这时杀了他，虽然能够免除一个后患，但是就要背上妒贤害能的骂名，使普天下英雄灰心，把所有想来投奔你的人才都吓跑，到那时你用谁去平定天下呢？在此安危关头，你不能不考虑其利弊得失。"

曹操说："讲得好！"

曹操明知刘备胸怀天下，日后与自己必有一争，仍然听从劝告，为了获得天下英雄之心而留用他。在曹操这儿，不拿信用当儿戏，不做失信于天下的事儿，并不是因为他品格如何高尚，只不过是为了达到聚集英雄豪杰为自己服务、有效地号令天下的目的。

因为曹操清楚地意识到，即使欺骗别人一次，所付出的代价都可能是无法挽回的。

齐桓公归国即位后，任用管仲、鲍叔、隰朋等贤人治理国家，加强军事实力。齐国逐渐强大，开始吞并邻国。

齐桓公五年，桓公派兵攻打鲁国。鲁国在位的庄公派大将曹沫迎战齐国，结果连连失利。庄公害怕了，请求割地求和，桓公同意了，于是双方会盟于柯地。齐桓公与鲁庄公坐在盟坛上谈判，曹沫突然拿着匕首劫持齐桓公。齐桓公的左右一时都愣住了，不敢轻举妄动。管仲沉住气问曹沫："你这是要干什么！"

曹沫回答："齐强鲁弱，你们以强凌弱，强占我们鲁国土地，太欺负人了！我现在就要求归还那些土地。"

齐桓公君臣见状，答应全部归还鲁国侵地。曹沫于是扔下匕首，走下盟坛，神色不变。

齐桓公暴跳如雷。管仲劝他说："现在我们是在诸侯面前答应了别人，如果因为贪图小利而失信于天下诸侯，我们就会处于被动，孤立无援，不如归还侵地，以此来取信天下诸侯，树立我们齐国的信誉。"

齐桓公听从了管仲的劝告，把战胜得到的土地都归还给了鲁国。齐国因此威望大增，各诸侯国也都想归附齐国。

人生感悟

齐桓公因为遵守信誉，肯于放弃小利，顾全大局，得到各诸侯的信任，最终成为春秋五霸之一。所以说，不论是国家、公司还是个人，要想成就一番事业，除了靠实力之外，还要讲求信誉，以信取人，不要顾小利忘大局。

请勿轻率许诺

永远记住：不要轻率许诺。这一点，我们可以从被许诺者和许诺者两方面来分析。

从被许诺者的角度来说，凡是别人在某种情况下许诺什么，一定是在某种特定环境下出于自身利益的考虑，而做出的某种牺牲。如果对方许诺得太容易了，这时就要考虑一下对方是不是能够实践这种许诺，特别在许诺的特定情势消失之后，对方还肯不肯做出那种牺牲。

魏昭王六年，秦国和赵国一起攻打魏国，说定取得胜利后，把魏国的邺城分给赵国。

魏王受到秦赵两国的威胁，心中十分焦急，连忙召集群臣商议对策。相国芒卯说："大王不要忧虑，臣下有一对策可退敌兵。"

魏王连忙请芒卯说下去。芒卯说："赵国和秦国本来就有矛盾，这次联合，无非是为利益。大王可派一位能言善辩的人出使赵国，对赵王阐明利害关系。再给他一点甜头，要他与我们联合，共同对付秦国。以后的事，臣下自有办法。"

魏王说："好倒是好，先生可愿去担此大任？"

芒卯说："这事臣下不宜出面，臣下推荐张倚前往。"

魏王于是同意张倚出使赵国，临行前，芒卯又对张倚如此这般地交代了一番。张倚到赵国后对赵王说："现在大王既然要联合秦国来攻打我们魏国，邺城这个地方我们是保不住的了。为了避免军事争端，魏王情愿把邺城献给大王，不知大王可肯接受？"

赵王心中暗喜，嘴上却问："魏王的美意敝国领受了，但不知贵国对我们有什么要求？"

张倚回答说："其实也说不上什么要求。魏与赵世代友好，原本出于一国，而魏与秦却有着世仇。秦国是虎狼之国，秦兵凶狠残暴。魏王的意思，不外乎希望与大王永结邦交，如果大王看得起敝国，就请与秦国断绝关系。我们的邺城正等待着大王前去接收啊！请大王三思。"

为了稳妥起见，赵王又征求了相国的意见，相国说："与秦国联合攻魏，兴师动众，最终也不过是得到邺城，现在不动一兵一卒就可以得到，何乐而不为呢？请大王接受。"赵王于是答应了魏国的条件，立即宣布与秦国绝交，下令关闭关卡，不准秦国人通过。秦赵两国撕破了脸，秦国放弃了进攻魏国的计划，反而把矛头转向了赵国。

赵王派使节兴冲冲地到魏国去接收邺城，芒卯却领兵拒使节于边境之外。

使节说明来意，芒卯说："我国之所以派张倚出使贵国，目的就是为了保全邺城，怎么能把它拱手相让给你们呢？如果张倚真有这种说法，那是他弄错了，我可不知道。"

赵国使节垂头丧气地回去报告赵王。赵王一听大惊，才知道上了魏国的当了，正要讨伐魏国背信，又听说秦国正在拉拢魏国一起来进攻赵国，更加惶惶不安，连忙召开紧急会议，反过来自动割让五个城邑给魏国，以求联合魏国共同抵抗秦国。

赵国之所以在这次外交斗争中偷鸡不着蚀把米，主要原因就是赵王过于贪婪，而忘记了轻诺者必寡信的道理。

从许诺者的角度来说，有人认为，信用是一种美德，因此对人动辄许诺，或者只因为当时的气氛，或是一时冲动，便答应了非自己能力所及的事，结果给自己带来无法解脱的负担，这种行为相当没有意义，其结果必然是让周围的人对自己失去信任，自己也很被动。

三国时的华歆和王朗同乡，有一次乘一条船避难。

有一个人想搭乘他们的船。华歆感到很为难。王朗说："这条船正好还宽大，为什么不可以让他上船呢？"

后来敌兵越追越近，王朗慌了手脚，就想把那个人扔下船。

华歆止住他说："当初我拿不定主意，就是为了这个原因。既然已经接受了别人的请求，怎么可以在危急关头，把他抛弃呢？"于是仍然像起初一样将那人带在船上一同逃走。

旁边的人因此判断华歆的人品比王朗更高，追随他的人也就渐渐多起来。

人生感悟

所谓轻诺者必寡信，对于别人的请求和托付，不肯乱许诺，更不空许诺。因为一个讲信修义的人，为了保持自己的形象，是不会轻易答应自己办不到的事情的。答应别人一件事，就一定要做到。这既是一种责任，又是一种负担，因此如果我们从来不知拒绝别人，总有一天会把自己陷入到骑虎难下的境地。

信用是用来做事的

在特定情况下,信用是做给别人看的,是一件道具而已,是用来显示自己的魅力,或者达到特定目的的工具。

东汉末年,太史慈在郡里担任属官,正巧郡里和州里发生争执,是非难辨,于是分别上奏章分辩。谁的奏章先到达京城洛阳,谁就能占上风。

当时州里的奏章已派人送出,郡里的官员怕自己落在后头,选中太史慈去追赶州里送奏章的人。他昼夜兼程赶到了洛阳,马上来到专门接待臣民上书的公车衙门,送了奏章。

这时州里派出的官员刚到,正在求守门的官吏为自己通报。太史慈问他:"你想通报上奏章吧?"州里来的官员说:"是的。"太史慈问他:"你的奏章在哪里?题头落款是不是写错了?"

州里的官员说:"你得答应不能弄坏了。"太史慈答应了,于是就把那官员的奏章拿过来看,奏章刚一到手,太史慈就把它撕了。

州里来的官员大叫起来,拉住太史慈不放。太史慈对他说:"你要不把奏章给我,我也没有机会把它撕了,是祸是福,咱俩都一样承受,反正也不能让我独自蒙受罪责,与其这样,不如咱俩都悄悄离开这儿。你回去就说奏章已经送到,反正也不会有人知道。"

于是太史慈与州里的官员一起悄悄地回来了。郡里送的奏章终于被批准。州里认为自己的奏章没有起到作用,也就没有追究。

外交领域是信用诺言最难经受住考验的。白纸黑字的外交公文和友好邦交的外交辞令在这里用得最好最勤,但是在背后往往都是外交时机和国家利益的表现。

在外交家中,谁都能背得出来英国外交家德斯累利的话:"没有永远的敌人,也没有永远的朋友,只有永恒的利益。"

不必守信还有一种情况是情况紧急,必须要靠信义为引子达到目标,而信守承诺又难以达到的时候。

宋朝陶鲁字自强,二十岁时,因为父亲陶成在战争中牺牲,被录用为广东新会县丞。有一次,都御史韩雍下令,要犒劳军人,需要一百头牛,限三天内备办出来。令出如山,众同僚都不敢允诺,陶鲁越过同僚承担了这项任务。

三司和同僚们责备他胡来，陶鲁说："我决不以这件事来连累你们。"

于是他在城门上张贴布告说："交一头牛酬谢五十两银子。"有一个人牵了一头牛来了，陶鲁马上给他五十两银子。

第二天，人们争先恐后地牵牛来，陶鲁选取其中一百头肥壮的，按平价给了主人钱，说："收牛这是韩公的命令，我没有权力多给你们钱啊。"他按期向韩公进献了一百头牛，韩公十分赞赏他，让他担任自己的后勤官员。

古今中外，有很多人拿信用来说事。信用最普遍被使用的是爱情领域。但是古今中外，有许多悲剧正是由于诺言问题而产生的！

这里姑且再提一下尾生抱柱的故事。

尾生和一个姑娘约在桥下，姑娘未到而水涨了起来。尾生抱柱等待姑娘，不肯离开，最终被水淹死。现在我们可能要笑他愚，但我们为什么不能从中汲取点精神呢？

实际上，尾生抱柱并不是信用的例证，而是爱情的见证。要是换了别人，尾生肯定不会那么迂，他想做的不过是为爱情坚守一回而已，跟信用没有什么直接的关系。

人生感悟

所以信用是一件道具，是用来做事的。如果不懂得这一点，而把信用片面地视为一种高贵品德，那就大错而特错了。

落井下石不可为

世人多爱锦上添花，其实此举也未必都好，因为织锦各不一样，有些本来就花哨，再添些花可能会降低其趣味。而一般喜欢锦上添花的人也喜欢落井下石，这种做法则足以给其人格蒙上难以掩盖的灰尘。

在《三国演义》中，刘备是一位杰出的政治人物，但此"流泪不流血"的英雄却是个"落井下石"的好手。吕布对刘备既有守望相助之情，又有"辕门射戟"之恩，但在徐州一役，吕布失手被曹操俘获的时候，曹操尚有怜才之心，想劝降吕布，刘备却怕曹操多了一员猛将，如虎添翼，于是乘机唆使曹操说："公不见丁建阳董卓之事乎？"这明明在暗示吕布是无义之人，早晚要反叛的。因这一句话，刘备就借刀将恩人害死，怪不得吕布在临刑前大骂他："这家伙是最没有信用的！"

虽然落井下石者为人所不齿，但对这种情况也要小心提防。多数人会在处于顺境时神采飞扬，兴高采烈；处于逆境时就感到阴霾密布，天空灰暗。而周围的人们，锦上添花者有之，落井下石者也不乏其人。成为众星所捧的"月"时不能过于沾沾自喜，得意忘形，要记住爬得最高的人往往跌得最重；而落井了成为下石的对象时也不要怨天尤人，自暴自弃，垂头丧气，一蹶不振。

相传，有一个村庄，村头有一口干涸的深井。一天，途经这儿的一头驴子不小心掉进了井中，它大喊："救命，救命！"村民们闻声赶了过来，看到此种情形，欲用绳子把驴拉上来，无奈驴子太重，井口太深，众人无能为力，只好作罢。两天过去了，驴子仍在不停地喊"救命"。村民们听得心烦意乱，便有人建议说："看它叫得这么可怜，不如把它埋起来吧。"众人附和。于是大家开始往井里一铲一铲地抛土投石。而每有一层土落下来，井底的驴子就奋力地站到这层土上面。当土层快到达井口时，驴子便一跃而出，得以生还。

其实，人生亦是如此。莫怪苍天多作弄，每个人的一生都会遇到各种情况，既会有一帆风顺的时候，也会有坎坷不平的历程。我们应该学会像那头驴子一样勇敢地把握时机，寻求生存。也许我们应该感谢那些落井下石者，正是他们给予了我们鞭策和力量，使我们忍辱负重地从人生低谷中挺过来，在而后的人生道路上走得更加矫健。当然，能否绝处逢生取决于我们当时的态度，只有不甘于被埋没并且为此而努力的"落井"者才能越过别人的"下石"，迈上人生的新台阶。

人生感悟

落井下石虽可逞一时之快，却将因为太过于卑劣而遭人诟病。

第三篇

活用人情巧办事

存储关爱，收获快乐

关爱是一种崇高的美德，是一种无私的奉献，是一种不求回报的付出。关爱别人就是关爱自己。只有你曾经付出过关爱，别人才会在你需要帮助的时候回报你。我们应该尽自己微薄的力量去关爱他人，让他人在我们的帮助下得到人间的温暖，重拾生活的希望。

美国罗克曼公司的董事长哈桑·欧皮尔，已有79岁的高龄。他的妻子在10年前就去世了，哈桑念及与爱妻的一番情义，一直选择独居。哈桑的家产已高达200万美元，他有两个儿子，也都已成家立业，各自经营着一家公司。

不久前，哈桑·欧皮尔患上了感冒，发烧39°。他住院时亲朋好友也不时去探望，但两个儿子和孙辈却没有一个人去看他。他对此非常生气，想起过世的妻子不禁涕泪交流。医院里有一位老护士密伦·凯南小姐，对他无微不至地关心，甚至下班后也照顾他。老哈桑感动万分，他对老护士说："亲爱的密伦·凯南小姐，你热情的护理使我不禁想起了自己的妻子，她在世时，就是这样关心我，我真舍不得离开你。请你原谅，我说的是真心的。"

密伦·凯南小姐长得不美，但她是个对工作非常尽责的护士，她不仅对哈桑先生如此，对其他病人也是如此。虽然她今年已经49岁了，却一直没有结婚，她把所有的心思都放在了事业上。

哈桑病好后，又一次来到医院找到密伦小姐，对她说："亲爱的，嫁给我吧，我感到只有你这样的贤妻，才能陪伴我。你嫌我老吗？"她轻声地说："我长得丑，配不上你。"哈桑忽地抱住了她，说道："亲爱的，你的脸虽不美，但心美，你是一个美人儿。"最后，密伦答应了哈桑的请求。

就这样，在哈桑出院的第二天，他们在教堂举行了结婚典礼，并请来数百个亲朋好友宴饮。舞会散后，哈桑先生和新娘准备进入洞房，不料此时，哈桑先生因高兴过度突发心脏病，于当晚去世。

哈桑先生的两个儿子，六个孙子、孙女，全都认为哈桑死得蹊跷，便向法院指控密伦，并不准密伦继承父亲的财产。

法院经过两天的调查，出示了哈桑在婚前递交法院公证的一份材料，上边写着："我知道自己朝不保夕。与密伦小姐结婚，就是为了将我的全部财产奉献给这位好心的护士。密伦小姐是个纯洁的姑娘，她长得的确不美，可是她对事尽责，对人关心。我娶她，不是真的要占有她，而是以全部的财产报答这位好心人。"

这份公证材料，是哈桑征得密伦小姐同意结婚后的当天晚上，由他的管家直接递交公证部门的。因此，他财产的继承人应该是密伦小姐。而且哈桑还指定其财产不再给其他的亲属和子女。于是，密伦一夜之间成了一位丧了丈夫的百万富人。

关爱就是关心爱护他人，生活中的每个人都需要关爱，当别人给予我们关爱时，我们应该给予更多的回赠。真心的关爱他人，是不思回报的，是人格完善的最高境界。朋友，当你播下关爱、温情的种子时，它就会发芽、成长，你曾经帮助过的人、温暖过的人，最终也会令你受益无穷。

人生感悟

让我们用美丽的心灵，传递人间的真情，把关爱作为生活中的一部分，把关爱放到我们所做的每一件事情中，成为我们思想道德中的一部分。用自己的真心关爱他人，用自己的诚心温暖社会，用自己的奉献美化环境，诚心诚意地、踏踏实实地做好身边的每一件小事。

不要轻率断定一个人的品质

蔺相如曾经是宦官头领缪贤的门下食客，缪贤一次闯了祸，把蔺相如找来商量。

事情起因是这样的。有一天，一位远方客人来到缪贤的府前，拿着一块玉璧叫卖。缪贤见此璧白润无瑕，宝光闪烁，就花了五百金买下。后来缪贤让玉匠前来相玉，玉匠大吃一惊，说这就是和氏璧。缪贤异常惊喜，连忙秘藏起来。但早已有人将此事报告了赵惠文王，赵王向缪贤索取，因为缪贤非常喜爱和氏璧，所以没有立即献璧。赵王大怒，趁出猎之机，突然来到缪贤家里，搜走了和氏璧。

缪贤十分害怕，准备要逃到燕国去。

蔺相如问："您怎么知道燕王可靠呢？"缪贤说："我曾随赵王与燕王在边境上会见，燕王私下握我的手说：'我愿与你结为朋友。'因此敢去他那里。"

蔺相如劝说他道："那时赵国强，燕国弱，而您受到赵王的重用，所以他为保持住宠幸想结识您。如今，您是从赵逃到燕，燕一向怕赵，一定不敢留您，而要把您押送回赵。您不如袒胸背斧到赵王那去请罪，那样才会幸免。"

缪贤采纳了蔺相如的计策，终于得到了赵王的原谅。从这件事看，可以说蔺相如已洞察到了人情的细微隐蔽处。

类似的故事也发生在春秋末年晋国的中行文子身上。

当时，中行文子获罪于国君，被迫流亡在外。

有一次，经过一座小城时，他的随从提醒他道："主公，这里的官吏是您的老友，为什么不在这里休息一下，等候着后面的车子呢？"

中行文子答道："不错，从前此人待我很好，我有段时间喜欢音乐，他就送给我一把鸣琴；后来我又喜欢佩饰，他又送给我一些玉环。这是投我所好，以求我能够接纳他，而现在我担心他要出卖我去讨好敌人了，我们赶紧走。"

果然，不久这个官吏就派人扣押了中行文子后面的两辆车子，献给了晋王。

另外一个故事则更发人深思。

东晋大将军王敦去世后，他的兄长王含一时感到没了依靠，危险一步步逼近，便想去投奔王舒。

王含的儿子王应在一旁劝说他父亲去投奔王彬，王含训斥道："大将军生前与王彬有什么交往？你小子以为到他那儿有什么好处？"

王应不服气地答道："这正是孩儿劝父亲投奔他的原因。江川王彬是在强手如林时打出一块天地的，他能不趋炎附势，这就不是一般人的见识所能做到的。现在看到我们衰亡下去，一定会产生慈悲怜悯之心；而荆州的王舒一向明哲保身，他怎么会破格开恩收留我们呢？"

王含不听，径直去投靠王舒，王舒果然将王含父子装入麻袋，沉到江里。而王彬当初听说王应及其父要来，悄悄地准备好了船只在江边等候，但没有等到，后来听说王含父子投靠王舒后惨遭厄运，为此深深地感到遗憾。

人生感悟

在不同的环境里，因为情势不同，人的表现也会因此而不同，甚至截然相反。千万不可因一时一地的表现而被迷惑，凭着特定环境里的表现，轻率断定一个人的品质。

审视变化，因人知事

早朝时齐桓公与管仲商量要攻打卫国。

退朝回宫后，一名从卫国献来的妃子看见了他，就走过来连拜了几拜，问齐桓公卫国有什么过失。

齐桓公很惊奇，问她为什么这样问。

那个妃子说："我望见大王进来的时候，脚抬得高高的，步子迈得大大的，脸上有一种强横的神气，这都是要攻打某个国家的迹象。并且大王看到别人没有什么表示，看到我，脸色却突然变了，这明显是要攻打卫国。"

第二天早朝时，齐桓公冲着管仲一揖，召他进来。

管仲问："大王不想攻打卫国了吗？"

齐桓公一想，这两天邪了门儿了，怎么每个人都知道我心里想什么？于是问管仲："您怎么知道的？"

管仲回答："大王上朝的时候，向我作了一揖，并且很谦恭，说话的声调也缓和，见到我而面有愧色，因此我知道大王一定是为昨天商议的事情改变主意了。"

又有一次，齐桓公与管仲商量伐莒，还没有商量出结果，此事就被国人知道了，齐桓公对此事有些奇怪，便问管仲是不是喝醉了把消息泄露出去了。

管仲摇头说："国内必有圣人！"

齐桓公叹了一口气，说："我想起来了，今天我到城墙上巡视在下边干活的民工，有一个拿拓水杵的人一直向上注视我，估计就是他吧？"

齐桓公于是命令这些人重新来服役，并且不得由他人代替，同时下令卫士把负责拿拓水杵的人带来。没过多长时间，卫士们带上了一个叫东郭的人。

管仲命令迎宾官员恭恭敬敬把东郭迎接进来。

管仲客气地问:"是您说大王要伐莒的吗?"

他说:"是的。"

管仲又问:"我们没有说过要伐莒的话,您为什么会这样说呢?"

东郭回答说:"大人物善于谋断,小人物善于揣测。这是我暗中推测出来的。"

管仲说:"您是怎么去推测呢?"

东郭回答道:"我听说君子有三种脸色:悠闲自得、宴享喜乐的时候,是钟鼓之色;愁闷悲伤、清净无为的时候,是丧服之色;勃然奋发、踌躇满志的时候,是兵革之色。"

"那一天,我望见国君在城台之上,脸色踌躇满志,这是兵革之色。国君嘴动而不发声,所说的是'莒'的口形;国君举手臂而指,指的方向与你所指的都同样是莒国。我私下猜测现在我们周围未臣服的小诸侯国只有莒国,所以这样说。"

管仲十分佩服,于是向齐桓公推荐,把东郭任命为情报部门的管事。

古人的"察色"之法说:真正聪慧的人总是那么明朗、坦然;真正仁厚的人一定有让人敬重的神色;真正勇敢的人一定具有自负奋发的神色,透露出士可杀不可辱的信息;质朴的神色浩气凛然,坚强而稳重;伪饰的神色游移不定,让人烦躁不安。

人生感悟

观察一个人,可以在杂处的人群中看出某个人的神色变化,发现其人的种种隐情。或者让人自由行事,可以随便看、随便动,便观察出他对什么事情有特别兴趣。还可以用让他仓猝间做出决定的办法,来观察他是否紧张失措。

和稀泥两面圆场

不计较谁对谁错,劝双方顾全大局、以和为贵,将大事化小,小事化了的办事方式就叫打圆场。例如,公交车上,两个小青年因为一点小事发生口角，摩拳擦掌之际，售票员出来"打圆场"，结果化解了矛盾，平息了风波。这个"圆场"打得好。

"打圆场"是从善意的角度出发，以特定的话语去缓和紧张气氛、调节人际关系的一种语言行为，在日常生活中有着积极的意义。"打圆场"有技巧。如何才能使之收到最佳的效果呢？这里，不妨先听一个小故事。

清朝末年，陈树屏做江夏知县。当时张之洞在湖北做督抚，张之洞与抚军谭继洵关系不和，但陈树屏常能巧妙处理，两头不得罪。

有一天，陈树屏在黄鹤楼宴请张之洞、谭继洵二人及其他官员。座客里有人谈到江面宽窄问题。谭继洵说是五里三分，张之洞却故意说是七里三分，双方争执不下，谁也不肯丢自己的面子，宴席上的气氛顿时紧张起来。

陈树屏知道他们是借题发挥，对两个人这样闹很不满，也很看不起，但是又怕扫了众人兴。他灵机一动，从容不迫地拱拱手，言词谦虚地说："江面水涨就宽到七里三分，而落潮时便是五里三分。张督抚是指涨潮而言，而抚军大人是指落潮而言。两位大人都没有说错，这有何可怀疑的呢？"

张之洞和谭继洵本来就是信口胡说，接下来由于争辩下不了台阶，听了陈树屏的这个有趣的圆场，自然无话可说了。

众人一起拍掌大笑，争论便不了了之。

"打圆场"就是做调解工作，调解纠纷，缓和僵局。在日常生活中，人与人之间交往相处时难免会发生一些不愉快的事情，个别脾气暴躁的人，会为一点鸡毛蒜皮的小事而与他人发生争执，甚至拳脚相加，此时倘若没人出来"打圆场"，任由事态发展，往往容易酿成悲剧。因此，作为旁观者，不应该在他人矛盾激化时怀着看热闹的心态，围观起哄，而应主动做"和事佬"打个"圆场"，通过循循善诱和耐心劝说，使冲突双方头脑冷静下来，化干戈为玉帛，避免出现过激的举动。现在，你们学会打圆场了吗？

人生感悟

"打圆场"也是一门艺术，需要学点讲话的本事。比如，语气必须缓和一些，态度也要中肯一些；立场要公正，讲话要得体。因此，出门在外，碰上别人发生矛盾，不妨做一回"和事佬"，打一回"圆场"，使矛盾和冲突及时化解。

用眼泪泡软对方

生活中求人办事，总不可能一帆风顺，要有点"眼泪"的功夫。俗话说，伸手不打笑脸人。打"哭成一个泪人"的恳求者更很少有人会做。当然，"眼泪战术"并不一定局限于哭鼻子，凡装成一付可怜样的办法，都属于一种技巧。

拿破仑的妻子约瑟芬一向水性杨花，生活放荡。当拿破仑在意大利和埃及战场浴血搏斗时，新婚不久的她却与一个叫夏尔的中尉偷情私通，对拿破仑毫无忠贞可言。她原以为拿破仑会战死在沙场中，已经不再等待他回来，而要像没有拿破仑一样安排后事。

1799年10月，拿破仑从埃及回到法国并受到人们热烈欢迎的消息传到巴黎后，约瑟芬简直惊呆了。拿破仑成了欧洲最知名的人物，法国的救星，前程无量。她欺骗了拿破仑，并想抛弃他，这时她又后悔了。于是她不辞辛苦，坐着马车，长途跋涉，去法国南部的里昂迎接拿破仑。她想在拿破仑与家人见面前见到他，并趁着他兴奋蒙骗住他，不使自己的丑事暴露。

她好不容易到达里昂，可是拿破仑已从另一条路走了，并与家人会合。拿破仑对妻子的不贞早有耳闻，只是不怎么相信，当他确信约瑟芬对他不忠时，他暴跳如雷，下定决心与其离婚。

约瑟芬知道大事不好，日夜兼程赶回巴黎。拿破仑吩咐仆人不让她走进家门。她勉强进了门，静下神来，决定壮着胆子去见丈夫。她来到拿破仑的卧室门前，轻轻敲门，没有回答。转动门把，无济于事。她再次敲门，并温柔而哀婉地呼唤，拿破仑没有理睬。她失声大哭，短促呻吟，拿破仑无动于衷。她哭着，用双手捶打着门，请求他原谅，承认自己因一时的轻率、幼稚而犯下了错误，并提起他们以前的海誓山盟……如果他不能宽恕，她就只有一死。然而，这样仍然打动不了拿破仑。

约瑟芬哭到深夜，不再哭了，她忽然想起孩子们，眼睛一亮，燃起了希望之光。她知道，拿破仑爱她的两个孩子奥当丝和欧仁，尤其喜欢欧仁，这是打动拿破仑的好办法。倘若孩子们求他，他可能会改变主意。孩子们来了，天真而笨拙地哀求着。

俗话说："人心都是肉长的。"约瑟芬这一招终于成功。拿破仑虽然怀疑约瑟芬已背叛了他，然而伴随着她的哭声在他的脑海里泛起他们相爱时的美好回忆。奥当丝和欧仁的哀求声冲破他心中设下的防线，他已热泪盈眶。于是，房门打开了，拿破仑与约瑟芬重归于好了。后来拿破仑登基时，约瑟芬成了皇后，荣耀之至。

用眼泪去泡，不仅要能泡，还要会泡。换言之，泡不是消极地消耗时间，也不是硬和人家耍无赖，而是要善于采取积极的行动影响对方、感化对方，促进事态向好的方向转化。

生活中有些人脸皮太薄，自尊心太强，经不住人家首次拒绝的打击。只要前进一受阻，他们就感到羞辱气恼，要么与人争吵闹崩，要么拂袖而去，再不回头。看起来这种人很有几分"骨气"，其实这是过分脆弱的自尊，只顾面子而不想千方百计达到目的，于事业无益。

我们在求人时，既要有自尊，但又不要过分自尊，为了达到交际目的，有时脸皮不妨厚一点，碰个钉子，脸不红心不跳，不气不恼，照样微笑与人周旋，只要还有一丝希望就要全力争取，不达目的决不罢休。

人生感悟

俗话说："人心都是肉长的。"不管双方认识距离有多大，只要你善于用行动证明你的诚意，就会促使对方去思索，进而理解你的苦心。从固执的框子里跳出来，那时你就将"泡"出希望了。

借力办事须巧妙应酬

无论你内心多么着急，多么迫切地希望对方答应自己的请求，表面上都要装出若无其事、一点也不着急的样子，这叫"欲擒故纵"。借力办事的方法能否成功，关键在看你是否会让别人信任你。

"东北王"张作霖就曾自导自演了一出好戏，巧妙地向自己所求之人表了忠心。

张作霖是个野心勃勃的人，虽说已经是土匪大头目，但他朝思暮想要弄个朝廷官干干。

奉天将军增琪的姨太太从关内返回奉天，此事被张作霖手下干将汤二虎探知，急忙报告给张作霖，张作霖一拍大腿，说："这真是把货送到家门口了。"

汤二虎奉张作霖之命在新立屯设下埋伏，当这队人马行至新立屯时，被汤二虎一声呐喊阻截下来，随后把他们押到新立屯的一个大院里。

增琪的姨太太和贴身侍者被安置在一座大房子里，四周站满了持枪的土匪，这时，张作霖已经接到报告，便飞马来到大院。故意提高声音问汤二虎："哪里弄来的人？"

汤二虎也提高声音说："这是弟兄们在御路上做的一笔买卖，听说是增琪将军大人的家眷，刚押回来。"

张作霖假装愤怒说："混账东西！我早就跟你们说过，咱们在这里是保境安民，不要随便拦行人，我们也是万不得已才走绿林这条黑道的。今后如有为国效力的机会，我们还得求增大人照应！你们今天却做这样的蠢事，将来怎向增琪大人交代？你们今晚要好好款待他们，明天一早送他们回奉天。"

在屋里的增琪姨太太听得清清楚楚，当即传话要与张作霖面谈。张作霖立即先派人给增琪姨太太送来最好的鸦片，然后入内跪地参拜姨太太。

姨太太很感激地对张作霖说："听罢刚才你的一番话，将来必有所为，今天只要你保证我平安到达奉天，我一定向将军保荐你这一部分力量为奉天地方效劳。"

张作霖听后大喜，更是长跪不起。

次日清晨，张作霖侍候增琪姨太太吃好早点，然后亲自带领弟兄们护送姨太太归奉天。

姨太太回到奉天后，即把途中遇险和张作霖愿为朝廷效力的事向增琪将军讲了一遍。增琪十分高兴，立即奏请朝廷，把张作霖的部分收编为巡防营，张作霖从此正式告别了"胡匪""马贼"的生活，成为真正的清廷管带。

一般来说，求人者要达到自己的目的，没有技巧权变，是绝对不行的。尤其是当他所处的环境并不如人意时，那就更要既弄机巧权变，又不能为人所厌戒。所以，借力办事的高手，都非常善于逢场作戏，而且这招屡试不爽。

如唐初的重臣李勣，本是李密的部下，后随故主投奔于李渊父子的麾下。此时天下大势已趋明朗。李勣懂得只有取得李渊父子的绝对信任才有前途，于是他把"东至于海，南至于江，西至汝州，北至魏郡"的所据郡县土地人口图亲送到关中，当着李渊的面献给李密，说既然李密已决心投降，那我所据有的土地人口就应随主人归降，由主人献出去，否则自献就是自为己功、以邀富贵而属"利主之败"的不道德行为。

李渊在一旁听了，十分感慨，认为李勣能如此尽忠故主，必是一个忠臣。李勣归唐后，很快得到了李渊的重用。但是李密降唐后又反唐，事未成而"伏诛"。

按理说，一般人到了这个时候，避嫌犹恐过晚，但李勣却公然上书，奏请由他去收葬李密，唯其"公然"，才更添他的"高风亮节"，假设偷偷摸摸，则可能会有相反的效果。"服衰绖，与旧僚吏将士葬密于黎山之南，坟高七仞，释服而散。"这纯粹是做给活人看的。表面看这似乎有碍于大唐太子的面子，是李勣的一种愚忠，实际李勣早已料到这一举动将收到以前献土地、人口同样的神效。果然"朝野义之"，公推他是仁至义尽的君子。从此李勣更得朝廷推崇，恩及三世。

人生感悟

李勣取的是一种"负负得正"的心理效应，迎合了人们一般不信任直接对己的甜言蜜语，而相信一个人与他人相处时表现出来的品质，即侧面观察的结果，尤其是迎合了人们普遍地喜爱那种脱离于常人最易表现的忘恩负义、趋吉避凶、奸诈易变的人性弱点而表现出来的具有大丈夫气概的认同心理，看似直中之直，实则大有深意。

掌握好"毛遂自荐"的机会

我们这个民族是个内向的民族，在这个民族中，一般来说，人们都不善于自我推荐。一提到别人，可以滔滔不绝，把别人的优点或缺点分析得头头是道；一讲到自己，特别是提到自己的优点，不是难以启齿，就是借讲自己的缺点转弯抹角地讲出自己的成绩，以为不这样，就不能表现出自己的谦虚。这就成了我们求人办事的最大障碍。

纥石烈良弼是金世宗时当政20多年的丞相，他辅助金世宗开创了金王朝的新局面，因此被誉为贤相。他在少年时代就处处显露出过人的机敏与颖悟。

发祥于白山黑水之间的女真人，本来没有文字，为适应建国的需要，学者希尹等人参照汉字创制了女真文字。为建立强有力的知识队伍，尽快地推广使用女真的文字，金政府规定，各地每年都要推举一些学习女真文字成绩优异的少年，送至京城进一步培养。

纥石烈良弼由于天资过人，又聪明好学，成绩非常出色，被宣宁（今内蒙曲镇）地方官推荐至京师深造。当时，一起被推荐的十几个学生中，纥石烈良弼年纪最小，不足10岁。

金太宗天会年间，纥石烈良弼一行赶赴京师上京。一天，他们走在大道上，正巧遇到丞相希尹到外郡巡视。纥石烈良弼一行恭敬地垂手侍立于道旁，满怀羡慕地看着以丞相为首的一行人，威风凛凛地从身边一闪而过，进入前面的郡城。

这时的纥石烈良弼执着两根牛角小辫，眉宇间透出一股聪颖、文雅之气。他对同学说："坐在车上的当朝丞相希尹就是女真文字的创制人，我们就是因为女真文字学得好，才被推荐至京师的。今天他从我们身边经过，我们却无缘见到他的容貌，我们何不跟进郡城后，设法见见他呢？"

这批学生很快进了城，并且安顿下来，纥石烈良弼催着大家快去看看丞相，但几个大一点的同学却动摇了："人家希尹是大名鼎鼎的当朝丞相，我们还只是些未出茅庐的小学生，他肯见我们吗？"经他这么一说，几个学生你看看我，我看看你。面面相觑，刚才的热情一下子冷了许多。

纥石烈良弼听了，却不以为然，他独自一个快步走出，去见希尹丞相。当纥石烈良弼寻访到丞相下榻的官邸后，便大大方方地走上前去。向丞相的随员提出要晋见丞相的要求。随员见这个小孩，个头不大却神态自若，年纪小小却出言不俗，弄不清是什么来历，也不敢随便拒绝，只得马上进去通报。听到报告的希尹，一下子想不出是怎样的一个小孩要见他，感到很惊奇，于是传令接见。纥石烈良弼喜出望外，用手挥挥身上的灰尘，昂着头，步履从容地走进重门迭屋、戒备森严的丞相官邸。

希尹看着一个颇为清秀的小孩，煞有介事地走了过来，很亲切地问道："你是做什么的，为什么要见我啊？"

纥石烈良弼稚气而又从容不迫地说："女真文字是由您创制的，我是因为学了您创制的文字，被推荐至京师深造的。今天正巧碰到您在此巡视，因此萌发了想亲睹一下您风姿的愿望。感谢您成全了我的心愿，我感到万分荣幸。"

创制女真文字被希尹视为平生得意之事，现在眼前这个小孩不但积极地学习着他的创制成果，而且又慕名前来拜访，希尹心里非常高兴。于是他故意考查似地向纥石烈良弼问道："一般老百姓和地方官，见到我这当朝丞相，都避之唯恐不及，而你却敢独自一人来见我，这是为什么啊！"

纥石烈良弼大大方方地说："老百姓们把您当作一人之下、万人之上的丞相看待，地方官把您当作威严的顶头上司看待，所以他们不敢随便接触您。我是把您当作知名当世的大学者来看待的，所以不必有什么顾忌。再说，我年龄还小，也是初生牛犊不怕虎吧。"希尹见他口齿伶俐，对答如流，从心里喜欢上这个少年了。

两人经过一番攀谈，希尹摸着纥石烈的头热情地赞扬他说："你这个小孩子，胆识过人，好聪明噢。希望你进一步认真学习，将来一定会成为国家的栋梁之材。"希尹把他留在官邸里，一连住了好几天。

人生感悟

其实，在社会上生活的人，谁都要满足自我的需要，都希望别人能承认、尊重、赏识自己的知识和才能。为了达到求人办事的目的，每个人都在不断地想方设法，在他人面前表现或推销自我，以便对方从心理上接受自己，为求人成功开通道路。

与人为善才能于己为善

生活原本就不是一成不变的。人生的真谛，就在于与人为善，一点点的人情味儿，一点点"糊涂"，比十足的"精明"更容易得到回报。而就在你向他人施以善意的人情时，友善也会在你的身边萦绕开来。

西汉时，晁错因吴楚七国之乱被诛杀以后，袁盎以太常身份出使吴国。吴王想让袁盎担任将领，袁盎不肯。吴王就想杀死他，派了一名都尉带领五百人把袁盎团团围困在军中。

袁盎当初担任吴国国相的时候，曾经有一个从史与袁盎的婢女私通，袁盎知道了这件事后，并没有张扬出去，对待从史仍跟从前一样。有人告诉那个从史说：袁盎已经知道他跟婢女私通的事了。从史便逃走了。当时袁盎亲自驱车追赶从史，追上后就把婢女赐给了他，而且仍旧叫他担任从史。

等到袁盎出使吴国被围困，那位从史刚好担任围困袁盎的校尉司马。他就把随身携带的全部财物变卖了，用这钱买了两担酒香浓郁的好酒。当时正好碰上天气寒冷，士兵又饿又渴，他就让士兵们痛饮。不一会儿，围守西南角的士兵都醉倒了，校尉司马趁天黑拉起袁盎，说道："您赶快走吧，吴王打算明天一早杀您。"袁盎半信半疑，说："您是干什么的？"司马说："我就是过去做从史时与您的婢女私通的人。"袁盎大吃一惊，忙说："您还有父母在堂，我可不能因此连累了您。"校尉司马说："您只管走，我也随后逃走，把我的父母藏匿起来，您又何必担忧呢？"说罢用刀把军营的帐幕割开，引导袁盎从醉倒的士兵所把守的路上径直逃了出去。

校尉司马与袁盎分路背道而行，袁盎解下了节旄揣在怀中，手拄节杖，步行了七八里路，天亮时分，碰上了梁国的巡逻骑兵，才飞身逃脱，后来终于回到京都将出使吴国的情况报告了朝廷。若不是袁盎当年赐婢女给那个从史，恐怕要死在吴王刀下了。

从这个故事可以看出，袁盎不仅是个心地善良的人，而且还是胸怀大度的人。可以说是好人有好报。

一妇女逛商场时，碰到一蓬头垢面、躬着腰向自己乞讨的聋哑乞丐，乞丐递给她一张皱巴巴的写了几行字的纸条儿。那位妇女误以为是向她乞讨的哀求之语，她不屑一顾地边把纸条儿装入口袋边说："等会儿再看！"便像躲瘟神似的快步离去。她出了商场拿出纸条展开，当纸条上"你身后有小偷，注意点儿，他一直跟着你"几个歪歪扭扭的字跃入眼帘时，她惊呆了。不用说，她装在后裤兜的几百元钱早已"钱去兜空"了。

与人为善其实就是于己为善，这句话体现了"仁"的概念。孔子提出"仁、义、礼"，后来董仲舒扩充为"仁、义、礼、智、信"，后称"五常"。这"五常"贯穿于中华伦理的发展中，成为中国价值体系中最核心的因素。那么，何谓仁呢？仁者，人二也，指在与另一个人相处时，能做到融洽和谐，即为仁。仁者，易也。凡事不能光想着自己，多设身处地为别人着想，为别人考虑，做事为人为己，即为仁。简言之，能与人为善即为仁。

但是在当今社会，作为五常之首的"仁"，却被不断地边缘化，很多人对它越来越不重视，只看重自己的一己私欲，而视他人为陌路人、对手或者敌人。

人生感悟

让我们宽厚些，再宽厚些，保持与人为善的优良传统美德，而被善待者往往会把感恩之情压在心底，一旦有机会让其回报，他必定会竭尽所能地报答。正因为你给出了善，你方能得到善。

善待他人也有益自己

林则徐有一句名言："海纳百川，有容乃大。"与人相处，有一分退让，就受一分益；吃一分亏，就积一分福。相反，存一分骄傲，就多一分屈辱，占一分便宜，就招一次灾祸。所以说，君子以让人为上策。

事实上，对一些不是大是大非的问题，我们完全可以睁一只眼闭一只眼，放对方一马。当你善待他人时，受益的也包括你自己。

被誉为"音乐之父"的著名音乐家海顿，在成名前曾经担任过俄国彼得耶夫公爵家私人乐队的队长，领导着30名乐手。

由于某种原因，公爵突然决定解散这支乐队，这就意味着海顿和30名乐手将要丢失饭碗。乐手们一时心慌意乱，不知所措。由于担心今后的出路，一些人甚至开始有了抱怨。可是，这一切又有什么用呢？

看着这些和自己一起同甘共苦多年的伙伴，他睡不安寝，食不甘味，但是，他还是决定在走之前为公爵举行最后的一场演出。为此，他还谱写了一首《告别曲》。

这是最后一次为公爵演出，因为决定已经宣布，乐手们已经万念俱灰。打不起精神来，但看在平时和公爵在一起的情谊上，还是十分卖力地演奏了。

在告别演奏会上，《告别曲》开始是欢快优美并且轻松自然的，将与公爵之间的美好感情表达得淋漓尽致，公爵深受感动。渐渐地，乐曲由欢快转为委婉，又渐渐转为低沉，最后，悲伤的情调在大厅里弥漫开来。

当公爵还没有从悲凉伤感中清醒过来的时候，乐手们就一个一个默默地向他告别了……乐手们一个又一个地相继离开了，最后，空荡荡的大厅里只剩下了海顿一个人，旁边一根蜡烛在黑暗中静静地闪烁着。

海顿停止了指挥，默默地朝公爵深深鞠了一躬，慢慢地转过身去也要离开。

这时，公爵的情绪已达到了顶点，再也忍不住了，大叫起来："海顿，这是怎么回事？"

海顿平静而又诚挚地回答："尊敬的公爵大人，这是乐队的全体同仁在向您做最后的告别啊！"

公爵突然醒悟过来，情不自禁地流出了眼泪："啊！不！请让我再考虑一下。"

就这样，海顿和30名乐手，靠演出《告别曲》的奇特氛围使公爵将他们留了下来。

在这里，海顿没有因为公爵要辞退他们而产生抱怨情绪，相反，即便是在最后的时光，他和乐队也如以前一样尽心尽力地为公爵演奏。结果，他的真情大度扭转了局面。

但是在现实生活中，当我们遭遇类似事情时，却很少有人会这么做，大多数人选择"以牙还牙，以眼还眼"，抱着睚眦之怨必报的心理。

虽然这样做能够解一时之气，但是实际上得不偿失。因为如此一来，人的烦恼就多了，快乐就少了；"敌人"就多了，朋友就少了；矛盾就多了，亲情就少了……

拥有大智慧的处事高手们，都懂得在矛盾面前大事化小、小事化了，不会冤冤相报、没完没了。只要我们做到了以德报怨、宽以待人，得到的将是对方的内疚和感激，他必将以同样的真情回报于你，甚至倾尽所能为你效力。理解才能谅解，谅解才能和解。在你受到各种不公正待遇时，你不应该满脑子"以其人之道，还治其人之身"的想法。要知道宽容可使嫉妒、狭隘、诽谤等不良情绪很快消失。

前人知道善待他人、以德报怨的道理，我们这些思想开放的现代人，就更应该胸襟宽广一些，对别人宽容一些、大度一些。这样不但有利于你的办事，有利于你的前途，而且也会让你自己少一些烦恼，少一些不快。

人生感悟

当你善待他人时，能得到同等益处的也包括你自己。所以，对人多一点宽容和体谅，与其为敌，不如与其为友，是办事艺术中的最佳策略。

直面他人的批评

批评是一种态度，是一种观念的差异，是一种认识深度的差异，是一种个性化的主张。身处社会中，偶尔遭到某些人的批评是不可避免的，认真对待别人的批评也是明智的做法。

金利来的创始人曾宪梓先生曾说过："无论各地的情况如何不同、各个顾客的要求如何差异，只要我们本着以诚待客、处处设身处地为客人着想的精神，就会被人们接纳，一切问题都可以得到解决。"他不仅是这样说的，更是这样做的，正是他做人处事如此真诚，从来不会忘记为顾客着想，所以事业才会获得成功。

有一次，一个瑞典顾客结着金利来的真丝领带去打网球，结果汗水使得领带上的染料脱色了，颜色染坏了他的T恤衫。事后，这位顾客写信到金利来投诉真丝领带脱色。

曾宪梓知道这个情况后，亲自找到这个客人，并很认真地向他解释说："真丝领带是不宜沾汗的，因为丝质领带遇上带酸性的汗水，都会产生化学作用而脱色。"他在请这位顾客提进一步意见的同时，赔偿了顾客一件新T恤衫和一条新领带，并仔细告诉客人一些关于领带和T恤衫的日常保养办法。

当客人跟曾宪梓告别的时候，又激动又开心地说："曾先生，我实在佩服你对顾客的真诚，以前我也因遇到类似的情况而投诉，但都没有下文，这一次我实在是太开心、太惊喜了。"

曾宪梓笑着说："您开心，我比您还开心。您能来提意见，证明您对我们的牌子是很关心、很爱护的，我应该多多感谢您才是。"

曾宪梓经常这样告诫下属："你要是希望这个朋友是长期的、这个关系是长久的话，你首先一定要站在对方的立场上去想一想，看看对方是否能够得到合理的利益。这叫'推己及人'。这个世界上永远不会有单方面长久的商业关系。是的，我们是应该为自己着想，立场坚定地维护公司的利益，但是只维护公司的利益，没有考虑对方的利益，甚至伤害了对方的利益，这种关系绝对无法长久。"

这席话，正是问题的关键所在，听不进批评的人把自己的面子放在第一位，有时把诚实的品格与成事的智慧抛诸脑后，这是十分不明智的做法。其实，只要你以客观事实为依据，适当地站在对方的角度去考虑问题，就能诚恳地倾听逆耳忠言，也减少了自己犯错误的机会。

诚然，批评有时候是善意的，是某个人或某些群体在向被批评者提醒、劝解，帮助其改正缺点或改善做法；但批评有时候又是恶意的，是某个人或某个集团为了自己的利益打击你或在竞技中击败你而采取的进攻策略。

面对批评，无论它是善意地劝诫还是恶意的打击，都需要我们认真分析、冷静思考、知己知彼、弄清楚对方的心态与动机、知晓批评者的真实目的与利益导向，而不是本能的反弹、慌乱的抵抗、漫无目标地迎接挑战、抵抗对峙、推诿搪塞、辩解道白、委曲求全，更不需要绕开问题的焦点、设置路障、拦堵封锁等。

此外，批评有时候是正确的，也有时候是不合理甚至是纯属捏造的。

丘吉尔在他的办公室墙上，悬着一幅林肯的字，上面写着："对于所有的攻击言论，假如回答的时间大大超过研究的时间，我们恐怕要关门大吉了。我当竭尽所能，一往直前，做我认为最好的。如果结果证明我是对的，那么所有反对我的声音都无关紧要；反之，如果结果证明我是错的，那么，纵使有10个天使信誓旦旦地说我是对的，也是枉然啊！"

其实，做人就应该如此，益则收，害则弃。对于正确的批评，我们应该欢迎，哪怕言辞激烈或只有百分之一的正确。但对于不合理的批评或是纯属恶意的攻击，我们如果不想被它所害，那就只有不去理会，你得像一只有价值的精美的瓷器，有风度地静立在架子上；还有一句话，最高的轻蔑，是连眼珠子都不转过去。

人生感悟

记得有位很著名的哲学家讲过这样一句话："当别人批评你的时候，反驳与辩解是最愚蠢的做法。"无论我们面对的是善意的批评还是恶意的诽谤、是正确的谴责还是不合理的批评，最有艺术性的处世技巧告诉我们，应该克服抵触的情绪，直面他人的批评。直面批评，就是冷静下来，仔细斟酌；直面批评，就是迎接挑战；直面批评，就是面对人生，对自己的人生负责。只有这样，你的人生路才会越走越宽。

不要对别人妄加评论

生活中，有的人总喜欢对别人妄加评论，其实他并不了解别人，有时仅凭表面印象，有时甚至是道听途说，不管是哪一种，都是不应该的，因为随意评论别人本身就是不礼貌的行为。

托马斯·杰斐逊既是美国总统，又是一位相马行家，他自己就拥有一匹好马。在公务不忙的时候，杰斐逊总喜欢骑着它到处逛逛。

一天，杰斐逊正在华盛顿附近一个地方骑马。当他来到一个十字路口时，碰到一位知名的赛马骑师，这位骑师还是一个做马匹买卖的生意人，人们叫他保罗。

在那个时代，传媒并没有像现在这么发达，公众人物的长相也不会被广大群众所熟识。保罗并不认识总统，但他那职业性的眼光一下子被总统骑的骏马吸引住了。鲁莽的保罗径直走上前来，和骑马人搭讪起来，紧接着用行话评论起那匹马来：品种的优劣、年龄的大小以及价值的高低，还表示愿意换马。

杰斐逊简短地回答了他，礼貌地拒绝了他所提出的所有交换建议。

保罗仍不死心，不停地游说，不断地抬高出价，因为他越仔细看这个陌生人骑的马，就越喜欢它。

杰斐逊再一次礼貌地拒绝了他。当所有的建议都被冷冷地拒绝后，保罗被激怒了。他开始变得粗鲁起来，但他的粗野行为与他的金钱一样，对杰斐逊毫无作用，因为杰斐逊能够很好地控制自己的情绪，没有人能够激怒他。

保罗想让杰斐逊展示一下这匹马的步伐，还竭力想要他骑马慢跑，并想和他打个赌。

但是所有这些努力又都白费了。

最后，保罗发现这个陌生人不会成为他的客户，而且绝对是个难以对付的人，他便扬起马鞭在杰斐逊的马侧腹抽了一鞭，想使马突然狂奔起来，这会让那些骑术不高的骑手摔下马来。同时，他自己也准备策马疾驰，希望比试一番。

然而，杰斐逊仍然端坐在马鞍上，用缰绳控制着暴躁不安的马，并且同样很好地控制住了自己的情绪。

保罗惊呆了，但只是粗鲁地付之一笑，便又向前靠近这个新认识的人，开始谈论起政治来。作为一个联邦制的坚定拥护者，保罗开始大肆攻击杰斐逊以及他的政府政策。而杰斐逊则笑着鼓励保罗就一些事情发表自己的看法。

不知不觉，他们骑马进入了市区，沿着宾夕法尼亚大道往前走。最后，他们来到总统官邸大门的对面。

杰斐逊勒住缰绳，有礼貌地请保罗进去。

保罗惊诧不已，问道："怎么，你住在这里？"

"是的。"杰斐逊简洁地回答说。

"嗨，陌生人，你究竟叫什么名字？"

"我叫托马斯·杰斐逊。"

保罗听后，他的厚脸皮也变得煞白，他用马刺猛踢自己的马，喊道："我叫斯坦利·保罗。"说着，便迅即冲上了大路，飞快地骑马跑了。

此时，杰斐逊总统则微笑地看着他，然后骑马进了大门。

当你不了解一个人时，千万不要妄加评论；当你得不到你喜欢的东西时，不要因此而毁谤他人；当你遭到拒绝时，不要把不满发泄到对方身上……这些做人处事必须牢记的金科玉律，你可曾放在了心上？可曾以此来规范自己的言行？

"我叫托马斯·杰斐逊。"这是一位总统对一位普通赛马骑师的回答，也是一位极具智慧和处世艺术大师给我们的回答。

人生感悟

对别人妄加评论是一种无礼又无知的行为。

避免同别人争论

如要使别人同意你，请尊重别人的意见，切勿直接指出对方错了。因为这样会引起争论。

即使在争论中你胜利了，使对方的论点被攻击得千疮百孔，证明他一无是处，那又怎么样？你会觉得扬扬自得。但他呢？你使他自惭。你伤了他的自尊，他会怨恨你的胜利。而且一个人即使口服，但心里并不服。

潘恩互助人寿保险公司立下了一项铁则："不要争论。"

欧哈瑞是纽约怀德汽车公司的明星推销员，他怎么成功的？

这是他的说法："如果我现在走进顾客的办公室，而对方说：'什么？怀德卡车？不好！你送我我都不要，我要的是何赛的卡车。'我会说：'老兄，何赛的货色的确不错。买他们的卡车绝对错不了。何赛的车是优良公司的产品，业务员也相当优秀。'"

"这样他就无话可说了，没有争论的余地。如果他说何赛的车子最好，我说不错，他只有住口。他总不能在我同意他的看法后，还说一下午的'何赛的车子最好'。接着我们不再谈何赛，我就开始介绍怀德的优点。"

"当年若是听到他那种话，我早就气得不行了。我会开始挑何赛的错；我越批评别的车子不好，对方就越说它好；越是辩论，对方就越喜欢我的竞争对手的产品。现在回忆起来，真不知道过去是怎么干推销工作的。我一生中花了不少时间在争辩，我现在守口如瓶了。实践证明，果然有效。"

正如睿智的班杰明·富兰克林所说的："如果你老是争辩、反驳，也许偶尔能获胜；但那是空洞的胜利，因为你永远得不到对方的好感。"

"因此，你自己要衡量一下：你宁愿要那样一种字面上的、表面上的胜利，还是别人对你的好感？"

"你在争论中可能有理，但要想改变别人的主意，你就错得使你一切都是徒劳。"曾任美国财政部长的威廉·麦肯铎，将多年政治生涯获致的经验，归结为一句话："靠辩论不可能使无知的人服气。"

戴尔·卡耐基曾据他本人的经验认为，不论对方的聪明才智如何，你也不可能靠辩论改变任何人的想法。

男高音歌剧演员真·皮尔士的婚姻差不多有五十年之久了。他曾说："我太太和我在很久以前就订下了协议，不论我们对对方如何愤怒不满，我们都一直要遵守这项协议。这项协议是：当一个人大吼的时候，另一个人就应该静听——因为当两个人都大吼的时候，就没有沟通可言了，有的只是噪音和震动。"

如果一个人的心里对你已经满怀恶意，你搬出各家各派的逻辑学，也

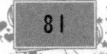

没法使他信服。挑剔的父母、盛气凌人的上司、唠叨的丈夫或者太太们都要了解，人们不喜欢改变自己的看法，他们不可能被强迫或被威胁而同意你我的观点，但他们会愿意接受我们和蔼而友善的开导。

林肯曾说，任何决心有所成就的人，决不肯在私人争执上耗费时间。争执的后果不是他所能承担得起的，后果包括发脾气、失去了自制。要在跟别人拥有相等权利的事情上多让步一点；而那些显然是你对的事情就让步少一点。与其跟狗争道，被它咬一口，倒不如让它先走。就算宰了它，也治不好你被咬的伤。

争论是要不得的，甚至连最不露痕迹的争论也要不得。如果你老是抬杠、反驳，即使偶尔获得胜利，却永远得不到对方的好感。真正赢得胜利的方法不是争论，而是不要争论。

人生感悟

如果你不想产生对立情绪，而想搞好人际关系，请记住这个忠告：避免同别人争论。

利用"近贴术"让人无法拒绝你

清代的"红顶商人"胡雪岩是精于"近贴术"的个中高手，我们来看看他是如何攀附上左宗棠这棵大树的。

太平军围攻杭州，王有龄守土有责，被围困两月而导致弹尽粮绝。胡雪岩受托冲出城外买粮，然而却无法运进城内。王有龄眼见回天乏术，上吊自杀，胡雪岩闻讯，悲不自禁，胡氏之生意，得力于王有龄，尤其是这种乱世，没有一个可以信任的靠山，凭什么成事呢？如今王氏一去，大树倒矣，又岂能不悲伤。

此时的胡雪岩开始将目光投向了杭州藩司蒋益澧。但他逐渐在交往中发现，蒋益澧谨慎有余，远见不足，他不得不寻找更有价值的人物。这时，他将目光投向了闽浙总督左宗棠。

此时左宗棠正忧心忡忡，杭州连年战争，饿死百姓无数，无人耕作，许多地方真是"白骨露于野，千里无鸡鸣"。自己带数万人马同太平军征战，吃饭成了个大问题。

正在考虑之时，手下人报，浙江大贾胡雪岩求见。左宗棠有传统的官僚，有"无商不奸"的思想在脑中作怪，而且他又风闻胡氏在王有龄危困之时，居然假冒去上海买粮之名，侵吞巨款而逃。心想此等无耻的奸商，本不欲见他，碍于蒋益澧的面子，只得待了半天，才懒洋洋地宣胡雪岩进见。

胡雪岩一进去，就察觉到了气氛的不对，随即告诫自己小心谨慎。胡雪岩振作精神，撩起衣襟，跪地向左宗棠说道："浙江候补道胡雪岩参见大人！"左宗棠视而不见，仍怒目圆睁。一会儿，左宗棠那双眼睛开始转动，射出凉飕飕的光芒，将胡雪岩从头到脚仔细打量一遍。胡雪岩头戴四品文官翎子，中等身材，双目炯炯有神，脸颊丰满滋润，一副大绅士派头。端详之后，左宗棠面无表情地说道："我闻名已久了。"这句话谁听都觉得刺耳，谁都懂得它的讽刺意味。胡雪岩以商人特有的耐性，压住心中的不满，他觉得自己面前只不过是一个挑剔的顾客，挑剔的顾客才是真正的买主。胡雪岩没有直接谦虚地回答左宗棠，而是再次以礼拜见左宗棠。他知道左宗棠素来是个吃捧的人，抓住这一弱点，恭贺左宗棠收复杭州，功劳盖世。又向左宗棠道谢，使杭州黎民百姓过上安定日子。

胡雪岩一边恭维一边注视着左宗棠，他见左宗棠脸上露出一丝不易让人觉察的微笑，捕捉到这一信息，胡雪岩又急忙施礼。这一次左宗棠虽然仍旧矜持地坐在椅子上，但先前阴沉的双脸绽开了笑容，过不久，他装着恍然似的说："唉呀，胡大人，请坐！"胡雪岩在左宗棠右侧的椅子上坐了下来，摆脱了尴尬的窘境。

待胡雪岩坐定之后，左宗棠直截了当问起当年杭州购粮之事，脸上现出肃杀之气。胡雪岩这才如梦初醒，赶紧把事情从头到尾讲了个清清楚楚，说到王有龄以身殉国，自己又无力相救之处，不禁失声痛哭起来。左宗棠这才明白自己误听了谣言，险些杀了忠义之士，不禁羞愧不已，反倒软语相劝胡雪岩。胡雪岩见左宗棠态度已有松动，急忙摸出二万两藩库银票，说明这银票是当年购粮的余款，现在把它归还国家。他解释说，这巨款本应属于国家，现在他想请求左帅为王有龄报仇雪恨，并申奏朝廷惩罚见死不救又弃城逃跑的薛焕。这合常情的恳求，左宗棠欣然答应，并叫管财政的军官收了这笔巨款。

两万银票对于每月军费开支十余万的左军来说虽属杯水车薪，但可解燃眉之急。胡雪岩清楚地知道左宗棠想要的是什么，不失时机地掏出银子，为自己赢得了左宗棠的好感。

收下胡雪岩的银票后，胡雪岩对王有龄的忠心使左宗棠非常佩服，立即叫人上茶，和胡雪岩闲聊。胡雪岩大赞左帅治军有方，孤军作战，劳苦功高。胡雪岩说话有分有寸，当夸则夸，要言不繁，让人听起来既不觉得言过其实，又没有谄媚讨好的嫌疑。左宗棠听得眉飞色舞，满脸堆笑。胡雪岩见左宗棠已被自己的话吸引，他想，只要实事求是地奉承恭维，左帅还是能够接受的。如果拉他做靠山，往后的生意更会如日中天。主意拿定后，他抛砖引玉，话锋一转。指责曾国藩只顾自己打算，抱夺地盘，卑鄙无义。气愤地谴责李鸿章不去乘胜追击占领唾手可得的常州，而把立功的机会让给曾国藩的弟弟曾国荃做人情。胡雪岩有根有据的指斥引起了左宗棠的共鸣，左宗棠在心中对胡雪岩更有好感了。

过后，左宗棠亲自将胡雪岩送出去，他认为胡雪岩不仅会做生意，而且还对官场非常熟悉，是一个大有作为的能人。难怪杭州留守王有龄对他如此器重。然而粮食仍像幽灵一样萦绕脑际，缠得左宗棠心急如焚，愁眉不展，一连几天都没有想出个好办法。

其实胡雪岩上次别后，就筹划着如何帮助左宗棠解决粮食问题。他迅速到上海筹集了上万石大米运回杭州，一部分救济城里的灾民，另一部分送到了军营。

这上万石大米真是雪中送炭，不仅救了杭州，而且为左宗棠肃清境内的太平军也助了一臂之力。左宗棠捋着花白的胡须，连日紧皱的双眉舒展了，他高兴不已，内心总觉得过意不去。他说："胡先生此举，功德无量，有什么要求，无妨直说。我一定在皇上面前保奏。"胡雪岩大不以为然，他说："我此举绝不是为了朝廷褒奖。我本是一生意人。只会做事，不会做官。"

"只会做事，不会做官。"这一句话可当真说到左宗棠的心坎上了。左宗棠出自世家，以战功谋略闻名，在与太平军的浴血奋战中，更是功绩彪炳。所以平素不喜与那些凭巧言簧舌、见风使舵之人为伍，对这些人向来鄙夷不屑。此时一句"只会做事，不会做官"当真是使左宗棠感觉遇到了知己。对胡雪岩顿时更觉亲近，赞赏之意，溢于言表。

粮食的问题得到解决，但军饷还没有着落。军饷像重担似的压在左宗棠的心上。由于连年战争，国库早已空虚。两次鸦片战争的巨额赔偿犹如雪上加霜，使征战的清军军费自筹更为困难。左宗棠见胡雪岩如此机灵，于是请胡雪岩为他想法筹集军费。胡雪岩一听每月筹集二十万的军费，感到非常棘手，但他认为如果能够顺利筹集，左帅对自己会加倍信任。胡雪岩经过一番深思熟虑后便把自己的想法全盘告诉了左宗棠。

原来，太平天国起义十年来，不少太平军将士都积累很多钱财，如今太平军败局已定，他们聚敛的钱财不能带走，应该想法收缴。但由于这些太平军不敢公开活动，唯恐遭到逮捕杀头，常常躲藏起来。胡雪岩认为左帅可以闽浙总督的身分张贴告示：令原太平军将士只要投诚，愿打愿罚各由其便，以后不予追究。

左宗棠心有灵犀一点通。这确实是个好办法，既收集钱财，又能笼络人心，一箭双雕。可如此做法还没有先例。如果处理不周，后果将不堪设想。左宗棠将心中的顾虑和盘托出，胡雪岩忙出妙策。他的理由是：太平军失败后，很多人都要治罪。但人数太多株连过众，又会激起民愤，扰得社会又不安宁。这与战后休养生息的方针背道而驰。最好的处置就是网开一面，给予出路。实行罚款，略施薄刑，这些躲藏的太平军受罚后就能够光明正大做人，当然愿罚，何乐不为。

左宗棠对胡雪岩的远见卓识钦佩不已，当即命胡雪岩着手办理。回去后，胡雪岩立即着手张贴布告，晓之以义。不多久，逃匿的太平军便纷纷归抚，一时四海闻动，朝廷惊喜。借助这一机会，阜康钱庄也得利不少，胡雪岩更是四品红顶高戴，成了真正的"红顶商人"。

通过这件事，左宗棠既了解了胡氏的为人，也了解到胡氏办事的手段，知道这确实是一个难得的人才，于是倾心接纳，倚之为股肱，两人很快成为知己。

回头看胡雪岩结交左宗棠的过程，主要有三个因素：

第一，对左宗棠的充分了解。胡雪岩在决意拉拢左宗棠这座大靠山之时，已经通过各种渠道对左氏有了透彻的了解。他知道左宗棠是"湖南骡子"脾气，倔强固执，难以接近。他也知道左氏因功勋卓著，颇为自得，甚喜听人褒扬之辞。他也对左宗棠与曾国藩及其门生李鸿章之间的重重矛盾了解得很透彻，建立在这些知识之上，他才能打一场有准备之仗，使得言辞正中左氏的下怀。

第二，善急人之所急。光说不做是不行的，胡雪岩打动左宗棠还体现在他的行动上。他解了左氏的燃眉之急，为他做好了两件事：筹粮与筹饷。这两件事对左宗棠来说都是迫在眉睫的，现在胡雪岩主动为他去掉了两块心头之病，当然也就换取了他的感谢和信任了。

第三，最重要的还是胡雪岩本人的真才实学。胡氏结交官场自有一套或以财取人，或以色取人，或以情取人的手法，然而这些对左宗棠而言都是不起作用的。左宗棠贵为封疆大吏，区区小惠根本不放在眼中，若是胡雪岩只是一个有意拉拢的庸人，左氏早就三言两语打发掉他了。而左宗棠之所以器重他并引为知己是因为胡雪岩有过人的才学，能助他一臂之力，是一名不可多得的人才。所以，他才愿意对胡雪岩的生意加以援手，因为他知道，两人是互惠互助的关系。

当年杭州收复全赖左宗棠之功，而胡雪岩献出大米、捐助军饷，极有成效地主理杭州战后善后事宜，这一系列事情收到的一个直接功效，就是得到了左宗棠的赏识和信任。凭着左宗棠的支持，胡雪岩的生意不仅在战乱之后得以迅速全面地恢复，而且也越做越顺，越做越大。到左宗棠西征新疆前后，他以"红顶商人"的身份，为左宗棠创办轮船制造局，筹办粮饷，代表朝廷借"洋债"，开始了与洋人的金融交易。到这时，胡雪岩才真正如履坦途，事业也如日中天，盛极一时了。左宗棠饮水思源，于光绪四年（1878年）春，他会同陕西巡抚谭仲麟，联衔出奏，请"破格奖叙道员胡雪岩"，历举他的功劳，计九款之多。

胡雪岩的母亲七十大寿，不仅李鸿章、左宗棠这些红极一时的封疆大吏送礼致贺，就连慈禧也特为颁旨加封，从此胡雪岩走上事业的巅峰。

人生感悟

<u>与陌生人拉关系，必须讲究方法，讲究步骤。俗语说，一回生，二回熟，只要能打开突破口，就要毫不放松。</u>

利用边缘人物疏通对方关节

要想办成事或尽快办成事儿，最好针对关键人物下功夫，突破关键人物这道关卡，谋求关键人物的赞同和协助，问题往往很容易得到解决。

秦昭王派白起为主将，在长平一举歼灭赵国40万大军以后，乘胜直逼京师，把邯郸团团围住。赵王之弟平原君是魏国公子信陵君的姐夫。因此，赵王几次写信给魏王和信陵君请求魏国出兵援救，魏王便派将军晋鄙统率10万大军去救赵国。

秦王听到这个消息，立即派人去警告魏王说："我攻打赵国，早晚准能攻下，任何国家敢派兵救援的，我打下赵国之后，接着一定移调军队去打它！"

魏王给吓住了，急忙命令晋鄙停止进军，驻扎在仰城这个地方，名义上是说援救赵国，实际上是观望形势，采取两面态度。

平原君等得急了，不断派人到魏国去，并责备信陵君说："我之所以跟魏国做亲戚，就因为你豪爽，够义气，能解救别人的危难。现在邯郸早晚会被攻破，眼看要投降秦国了，魏国的救兵又始终在途中观望，哪见得你还有什么义气？你的姐姐城破被俘，终日哭哭啼啼。你纵不同情我，难道也不可怜你的姐姐……"

情真意切，信陵君心里很难过，屡次去请求魏王火速进兵，但魏王害怕秦国报复，始终不肯答应。

信陵君知道魏王已没有救援赵国的决心，只得孤身去救赵国，此时，守门的老头侯生截住了信陵君。

侯生说："我知道你一向器重人才，养了这么多门客，但现在遇到了为难的事情，却毫无办法可想，光要跟秦军拼命，这正如把肥肉丢进老虎口里，试问有什么益处呢？""我也知道没有什么益处，"信陵君说，"但平原君是我的姐夫，交情又深。眼下，他危在旦夕，我不能见死不救呀！虽然明知这样做无济于事，这也是万不得已之举。不知老先生有没有别的办法可想？"

侯生把旁人遣开，细声问信陵君最宠幸的一个美人叫做如姬，是不是？

"是的！"

"听说如姬的父亲被人杀害，她怀恨了三年，很多人，都想为她报仇，却总是没办法找到这个仇人。有一次，她为这件事向你哭诉，你立刻派门下客去侦察，很快就把那伙人的头弄到了手，献给如姬，是否有这件事？"

"不错，果有此事。"

于是，侯生说出了他的计划来："你帮如姬报了杀父之仇，她感激不已，就是为你牺牲生命，也决不会推辞的，你正好利用这个机会，从她身上打主意！"

"她是一个女流之辈，有什么主意可打的？她又不能撒豆成兵！"

"我再请问一句，"侯生说，"魏王是不是已派晋鄙率10万大军去救赵国?"

"是呀!可是魏王叫他半路上停下来,不准前进。"

"且不必过问不进军的理由,但你可知用什么办法叫晋鄙进军?"

"自然是魏王的命令啦!"

"那么魏王下的命令是凭什么做证据呢?"

"兵符。"

"这就对啦!"侯生神气十足地对信陵君说:

"只要能把兵符弄到手,假借谕旨,瞒天过海,晋鄙的军权就归了你,魏军就可以立即开到邯郸去,赵国的危机不就解决了吗?唉,你听我说,魏王的兵符就藏在卧室里,那地方只有如姬一个人才可以接近。你现在即去见她,只要你一开口,求她帮助,把兵符偷出来,她没有不答应的。这样你便可以把晋鄙的兵权夺到手,就可以指挥大军,北面救了赵国,西面击败秦军,这可是了不起的功勋。这是千载难逢的机会呀!"信陵君果然采纳了侯生的意见,请如姬偷到了兵符,并拿着兵符接过大将晋鄙的兵权。信陵君随后发布命令说:"父与子同时在军中的,父亲要退役回家;兄与弟在军中的,哥哥回去;是独生子的回家去奉养父母。"

经过整编以后,得到精兵8万,然后使人告诉赵王,约期前后夹攻。到进军那一天,信陵君身先士卒,魏军如出匣的猛虎,杀得秦军措手不及,血流成河,仓皇逃回秦国而去。就这样,邯郸解围了,赵国也转危为安。从此,秦军再也不敢轻举妄动。可惜信陵君窃符假传魏王令,军法不容,不敢回国,只好携家眷住在赵国。

如姬无疑是信陵君抓住的一棵救命稻草,从中不难看出,托人办事,不能"一棵树上吊死"。盯死主要目标,全力以赴固然重要,但是对于目标周围的那些"边缘人物",也要多多花费心思,有时甚至能起到意想不到的作用。

人生感悟

要想在解决问题的过程中稳操胜券,除了要争取"权威人物"的同情、支持和帮助外,也不能忽视"权威人物"旁边的"边缘人物",你切不可因他无权无职,就以为可以随便应付,否则你的好事就可能坏在他的手中。因此,一定要时刻保持高度的警惕抓住每一个可能发挥作用的人物。

充分发挥"关系网"的作用

张仪做秦国宰相时,有一次,秦王对楚怀王提出要求,想将商于之地和楚国的黔中之地交换。这时,楚怀王说:"交换土地,还是免谈罢!但是,如果你交出张仪,我愿意把黔中之地免费奉送。"

由于张仪此前多次欺骗楚王,使楚国蒙受了重大损失,所以楚王对他自然是切齿难忘,只想抓到张仪,将其碎尸万段。

张仪听到这个消息,便对秦惠王说:"让我去一趟楚国吧!"

到了楚国之后,张仪马上找到以前的老朋友靳尚。靳尚是楚怀王信赖的近臣,又是楚怀王宠妃郑袖的得力助手。张仪想靠靳尚和郑袖这两位楚王亲近的人来帮助自己脱离险境,完成使命。

张仪到了楚国后,楚王不分青红皂白就地逮捕他,欲置之死地而后快。这时。靳尚立刻挺身而出,向郑袖说道:

"我看不妙了,大王对您的宠爱,恐怕就到此为止了。"

"到底因为什么呢?"

"大王想杀死张仪,可是张仪却是秦王的宰相。秦王为了救出张仪,打算把上等的土地和美丽的公主送给楚王,而且公主还将带来漂亮的歌伎。这样一来,大王一定会宠爱秦国的公主,而不再宠爱你了。为了巩固你的地位,无论如何,必须赶快让大王释放张仪。"靳尚的这些话自然都是张仪教唆的。郑袖岂可让秦公主横刀夺爱?于是便向楚王哭诉道:"一个做臣子的,替他的国君效忠,那是理所当然的,你怎么能单单责怪张仪呢?再说,我们又没有送秦国土地,而秦国却先派张仪过来,这就是对方相当看重我们大王的证明。然而,大王不但没把他当使者看待,还想杀死他,这显然会触怒秦王的。"

宠妃郑袖的话,被楚王听了后,挥挥手让人们把张仪放了,并以礼相待。

在历史的记载上,有人说汉武帝是"穷兵黩武",可与秦始皇并称,同时也有人说他是历史上的明主。汉武帝有个奶妈,他自小是由她带大的,在外面做些犯法的事情。"帝欲申宪",汉武帝也知道了,准备把她依法严亦。皇帝真发脾气了，就是奶妈也无可奈何，只好求救于东方朔，东方朔在汉武帝面前，是有名的可以调皮耍赖的人。汉武帝与秦始皇不同，至少有两个人他很喜欢，一个是东方朔，经常与他说笑话，幽默滑稽，把汉武帝弄得啼笑皆非。但是汉武帝很喜欢他，是因为他说的做的都很有道理。另一个是汲黯，他人品道德好，经常在汉武帝面前顶撞他，他讲真话，使汉武帝下不了台。由此看来，这位皇帝独对这两个人能够容纳重用，虽然官做得并不很大，但非常亲近，对他自己经常有中和的作用。

所以，东方朔在汉武帝面前有这么大关系。奶妈想了半天，不能不求人家。皇帝要依法办理，实在不能通融，只好来求他想办法。他听了奶妈的话后，说道："此非唇舌所争——奶妈，注意啊！这件事情，只凭嘴巴来讲，是没有用的。"因此，他教导奶妈说："而必望济者，将去时，但当屡顾帝，慎勿言此，或可万一冀耳！"这句话的意思是说你要我真救你，又有希望帮得上忙的话，等皇帝下命令要办你的时候，一定叫人把你拉下去，你被牵走的时候，什么都不要说，皇帝要你滚只好滚了，但你走两步，便回头看看皇帝，走两步，又回头看看皇帝，千万不可说："皇帝！我是你奶妈，请原谅我吧！"否则，你的头将会落地。你什么都不要讲，喂皇帝吃奶的事更不要提。

东方朔对奶妈这样吩咐好了，等到汉武帝叫奶妈来，对她斥责道："你在外面做了这许多坏事，太可恶了！"并叫左右拉下去法办时，奶妈听了，就照着东方朔的吩咐，走一两步，就回头看看皇帝，鼻涕眼泪直流。东方朔站在旁边说："你这个老太婆神经嘛！皇帝已经长大了，还要靠你喂奶吃吗？你就快滚吧！"东方朔这么一讲，汉武帝听了很难过，心想自己自小在她的手中长大，现在要把她绑去砍头，或者坐牢，心里也着实难过，又听对东方朔这样一骂，便说："算了，免了你这一次的罪吧！以后可不能再犯错了。"

人生感悟

像这一类的事，看起来，是历史上的一件小事，但由小可以见大。这充分说明了"关系网"在办事过程中的强大威力。

第四篇

包容是一种生活智慧

宽可容人，厚德载物

地球这个蓝色星球一直以开阔的姿态运转，接纳万千物种的到来和每一次的气候变迁，对于地球所承载的厚重和宽广，我们每一个人都会用"伟大"去描述它。其实在我们生存的世界上，有一种东西比地球的体积更庞大，比世界的幅员更辽阔，这便是人类的心灵。

心灵是映射万物的根源，它的容积超过一切我们所能预见的庞大，有着可以无限发展的潜在空间，它所能容纳的远远不仅我们所看到的一切。一个心灵，足以容纳一个世界。

阅山无数自成峰，一个人承事阅人无数，自然也会不断迈向生命的顶峰，拥有可以感动世界的力量。如同地球承人载物的伟大，内心宽厚的人会在世界上发挥更大的生命光辉，学会用大度、宽厚的心态去面对世界，便是一种生命的进步。古往今来，宽厚之人承载的不仅是人事景物，更是人类的进步。

美国前总统亚伯拉罕·林肯便是其中之一。幼年生活的艰苦和母亲的教诲，使林肯从小便懂得了宽容。这让成年之后的林肯不会因为一些无聊的人事纠纷而迁怒，正是这种大度的处世态度，使林肯在政治历史上书写了无比光辉的一笔。

林肯执政时，有人对他对待政敌的态度表示不理解，并批评他："你应该想办法打击他们，消灭他们才对。你为什么试图让他们变成朋友呢？"而林肯回答道："我们难道不是在消灭政敌吗？当我们成为朋友时，政敌就不存在了。"以友谊化解冲突，以宽容和解矛盾，林肯的宽厚与大度不仅让他在政治上功绩卓越，也赢得了世界人民的尊敬。

为了纪念这位伟人，人们早在1921年便修建了林肯纪念馆，在纪念馆的墙壁上写着这样一段话："对任何人不怀恶意；对一切人宽大仁爱。"林肯的名字早已超越了时间。与空间的界限，被世界各国人民所熟知。一颗宽容的心灵所能承载的人与物，是无法用数字衡量的。

宽厚的心灵所产生的力量一直被世人传递和继承，容得起才有凝聚力，承担得起才有感召力，如此才有人类的进步。宽容即得人心，宽厚之人即便一挥手、一投足，那种力量也是巨大而不可抵挡的。

思想是心灵发挥巨大能量的源泉，心灵的容积如何，要看思想的广度如何，思想越是宽阔，心灵所能容纳的就越多，心灵是要靠思想去扩充的。宽容大度的处事姿态，来自宽容的心态；宽厚的心灵，更来自于广阔驰骋的思维。思路开阔了，心灵也就跟着开阔了。所以想要拥有宽阔的心灵，便一定先要拥有开阔的思维，利用这样的思维学会广度思考，以意识改变心态，由此获得宽阔的心灵。

人生感悟

培养宽阔心灵的方法不仅需要随时自我开解，更要从开阔眼界入手，丰富内心世界。书籍能培养一个人的心性，经历能历练一个人的心灵，用书籍丰富思想，在人生经历中不断完善自我，磨炼内心的坚韧和弹性，那么每一个人的心灵都能承载千人，容纳万物。

大肚能容天下事

"大肚能容，容天下难容之事；开口便笑，笑天下可笑之人"。凡有弥勒佛的寺庙里，我们经常可以见到这幅对联。

这幅对联，是讲度量的，人能达到能容天下万事万物的度量，其思想便是进入"禅"的高层境界了。度量，是对他人长处、短处和过错的一种包容。度量大，能得人心、团结人、纳众谋，以成其强大，对创造和谐的工作环境，十分有益。

统一企业的董事长高清愿说："待人处事，要包容大度。"这个道理人尽皆知，可是这也是最典型知易行难的事，有人就开玩笑地说："眼睛都容不下一粒沙，更何况是他人对自己的辱骂与毁谤。"

他认为，要成就一番大事业，就必须要有肚量与气度，所谓江海不择细流，故能成其大，泰山不捐土壤，故能成其高。他举了自己的一个例子来说明，多年前，基于道义与情义，他在台南帮投资了一项自己全然陌生的事业，接手时，这个事业已摇摇欲坠，再加上市场开放竞争，百家争鸣，前景极为暗淡，面对这个必败的局面，他们苦撑多时，亏损连连，最后在兼顾了情理法的情况下，决定退出。

但是事情并不如想象的容易解决，这家公司部分的高级员工，以他们退出为由，把问题泛政治化，来凸显劳资对立的问题，那段期间，有很多不实的言论都落在高清愿董事长的身上，加上许多莫须有的罪名，皆极尽诋毁之能事，对个人造成不小的伤害，很多朋友都替他抱不平。之后，这家公司几番易主，他也逐渐淡忘此事，后来，有朋友告知有一家企业负责人希望能来统一公司就通路销售一事与他商议。

进一步打听之后，才知道这家企业竟然就是当初接手的那家公司，负责人虽已换手，但是当初诽谤他甚烈的一些员工，仍位居高位，在这种情形下，他还是决定和这些朋友会面，并愿意协助他们进行产品的销售，不久之后，又设宴款待这些新朋友，结果宾主尽欢。

有些熟悉内情的朋友，都认为不值得也无此必要，但是，高董事长的想法是，在成人的世界要化敌为友不是一件容易的事，如果他仅是顺势帮忙他人一下，再诚心请别人吃饭、谈谈心，且能因此化解误会，何乐而不为呢？

高董事长说，他也是一个凡人，遇到无理或无礼的事，也会生气，不过这些气，常与忘性连在一起，事情过了，也就忘了，每回生气，很少过夜，隔天就抛在脑后了。

其实，我们也都只是一个平凡的人，也都有自己的脾气与原则，遇到不平之事或者遇别人恶意的毁谤，也会气愤难平。

我也曾经被落井下石、恶意伤害过，那些伤害在当时的确留下难以抹平的伤痕，但是随着时间的流逝，我也能坦然面对那些落在身上的痛楚，并且学会用另一种宽容的心态去面对，我觉得自己并没有损失，反而因此获益。与其在心中还留着怨恨，倒不如把心胸放宽，让自己有更多的包容力来面对人生，迎接未来。

当今世界，充满竞争。人与人之间有竞争，企业与企业之间也有竞争，国家与国家之间更有竞争。竞争是残酷的，而当今这个时代却供奉着适者生存的原则，一淘汰即失败。谁都想胜利，这个时候，也只有充分发挥各自的学、才、识、德、体、量了。事情到了这份上，量就显得至关重要了。无论在胸襟或合作方面，都应拥有"大度量"。只有那样才会有机会、有能力去竞争。

人生感悟

宽容，就不要再为鸡毛蒜皮的小事斤斤计较。在交往的过程中，人和人之间难免会有一些摩擦，正如一首歌中所唱的那样"勺子总会碰锅沿，脚板总要擦地皮"，但是请记住"在这小小的天地里，我们大家生活在一起"，既然如此，还有什么大不了的事？要知道没有度量的人，是干不出什么事业，成不了什么气候的。

君子不计小人过

君子之所以为君子，就在于他能容纳小人。常言道："水至清则无鱼。人至察则无徒。"这就告诉我们，如果对事物的观察太敏锐，就会觉得他人浑身都是缺点，不值得与之交往；另一方面，旁人也会对他的过分挑剔，感到难以忍受，而不愿意追随他。实际上，越是污秽的土地，土质越肥沃，有利于万物的生长；同样，水流过于清澈，就很难产生鱼类。所以说，君子要有宽宏的度量，不自命清高，要能够忍让，能够接纳世俗乃至丑恶的事物，这就是"君子不计小人过"的实质。

君不见在日常生活中，也包括在工作中，有不少人往往为了非原则问题、小小的皮毛问题争得不亦乐乎，谁也不甘拜下风，有时说着论着就较起真来，以至于非得决一雌雄才算罢休，结果严重的大打出手，或者闹个不欢而散，鸡飞狗跳影响团结，这是坚决不可取的。那么当自己遇到与人发生矛盾冲突后究竟应该怎么办呢？我们应该"得饶人处且饶人"，即既不要因为不值得的小事去得罪别人，更要能以一种豁达的心胸，以君子般的坦然姿态原谅别人的过错。

在生活中，也确实有不少君子不计小人过的事例，文人宋缇辑录的《硕辅宝鉴》中，就记载着这样三则故事，很耐人寻味：

第一则讲的是唐朝的狄仁杰。高宗时狄仁杰是大理丞后为豫州刺史、洛州司马。天授二年（公元691）年，他做了宰相，有一天，武则天对他说："你在汝南有善政，然而有人说你的坏话，你想知道吗？"狄仁杰说："陛下认为他说得对，臣当改正；认为臣没有那样的过错，那是臣之幸也。至于是谁说臣的坏话，臣不愿意知道。"武则天听了很高兴，称赞狄仁杰是一个宽宏大量的长者。

第二则讲的是唐朝的陆贽。陆贽在德宗时当过中书侍郎、门下同平章事。当初，御史中丞窦参常常排挤陆贽。后来窦参被李巽参奏，德宗大怒欲杀之。陆贽替窦参讲情，才未被杀，被贬到獾州当司马。德宗又想株连窦的亲人，没收他的家产，陆贽请皇上加以宽恕。世人无不称赞陆贽公正诚实，以德报怨。

第三则讲的是宋朝的吕蒙正。蔡州的知州张绅犯贪污罪被免职。有人对宋太祖赵光义说："张绅很有钱，不至于贪污，是吕蒙正贫穷时向他索取财物没有如愿，现在对他报复"。吕蒙正不申辩，结果张绅复了官，吕蒙正被罢了宰相的官职。后来考课院查到张绅贪污的证据，于是又免了张绅的官职，吕蒙正重当宰相。太宗对吕蒙正说："张绅果然有赃。"吕蒙正也不谢，宋称赞吕蒙正的气度不是那些浅薄的人可以做得到的。

这种宽厚与容忍绝对不是争斗的小人所能够做到的，明知对方错了，却不争斗，反而认输，虽然自己吃点小亏，但使别人不受损。不争表面形式的输赢，而重思想境界和做人水准的高低，这样的人其实活得很潇洒。历史上的这三个人，由于能不计小人过，不但丝毫没有损害自己的名声，反而受到大家的称道。

人生感悟

水至清则无鱼，人至察则无徒。《旧唐书·文苑传上·张蕴古》中也说："勿浑浑而浊，勿皎皎而清，勿没没而暗，勿察察而明。"人无完人，物极必反，对别人若总是吹毛求疵，在细枝末节上用心，抓住对方的小错不依不饶，自以为明察，其实只会使对方觉得浑身不自在，进而对你敬而远之、避之犹恐不及。

一言以蔽之，处世之道，在于睁一只眼闭一只眼，得饶人处且饶人。宽容与大度既能给自己带来良好的人际关系，同时，也给别人一份信心与自在。

宽容他人就是释放自己

自古至今，宽容被圣贤乃至平民百姓尊奉为做人的准则和信念，已经成为中华民族传统美德的一部分。

如：《论语·尧曰》中有"宽则得众"的说法，意思是，宽厚就会得到众人拥护。又如：《格言联璧·接物》里面的"人褊急，我爱之以宽容"，是说人家气量狭小，我用宽容对待他。

由此可见，立身处世一定要有宽以待人的雅量。唯有如此，我们才能赢得别人的尊敬，化解彼此的仇恨。

在2004年雅典奥运会的男子单杠决赛上，28岁的俄罗斯名将涅莫夫就以他的宽容赢得了众人的爱戴和尊重。

当时，男子单杠决赛的选手们正在激烈角逐着，涅莫夫第三个出场，他以连续腾空抓杠的高难度动作征服了全场观众，但在落地的时候，他出现了一个小小的失误——向前移动了一步，裁判因此只给他打了9.725分。

就在此时，奥运史上少有的情况出现了：全场观众不停地喊着"涅莫夫""涅莫夫"，并且全部站了起来，不停地挥舞手臂，用持久而响亮的嘘声，表达自己对裁判的愤怒。比赛被迫中断，第四个出场的美国选手保罗·哈姆虽已准备就绪，却只能尴尬地站在原地。

面对这样的情景，已退场的涅莫夫从座位上站起来，向朝他欢呼的观众挥手致意，并深深地鞠躬，感谢他们对自己的喜爱和支持。涅莫夫的大度进一步激发了观众的不满，嘘声更响了，一部分观众甚至伸出双拳，拇指朝下，做出不文雅的动作来。

面对如此巨大的压力，裁判被迫重新给涅莫夫打了9.762分。可是，这个分数不仅未能平息观众的不满，反而使嘘声再次响成一片。

为了平息众怒，也为了让裁判有个台阶下，同时让下位选手正常进入比赛，涅莫夫显示出了他非凡的人格魅力和宽广胸襟。他重新回到赛场，举起右臂向观众致意，并深深地鞠了一躬，表示感谢，接着，他伸出右手食指作出嘘声的手势，然后将双手下压，请求和劝慰观众保持冷静，给保罗·哈姆一个安静的比赛环境。

正是涅莫夫的宽容，让中断了十几分钟的比赛得以继续进行。

在那次比赛中，涅莫夫虽然没有拿到金牌，但他仍然是观众心目中的"冠军"；他没有打败对手，但他以自己的宽容征服了观众，也赢得了人们真诚的尊重。古人说："以恨对恨，恨永远存在；以爱对恨，恨自然消失。"

在生活中，出现不快和委屈的事是常有的，但我们必须选择宽容，否则，憎恨的情绪就会在心里"发酵"，从而使自己沉浸在痛苦的深渊里不能自拔，严重的还能使自己的行为变得极端，最后一发不可收拾。

宽容能使人淡化被伤害的感觉，积极地去思考如何原谅对方。虽然这不是一件易事，从被伤害到原谅对方的过程中，心灵往往会经历一些困难而痛苦的挣扎，但这就是自我救赎的过程。

人生感悟

以宽容之心度他人之过，是做人的需要，只有宽容才能赢得别人的尊敬，只有宽容才能释放自己，为自己压抑的心灵松一口气。

容人之人方被人容

有一位学生刚刚从大学毕业，凭借自己的出色表现，很快在一家公司找到了工作。由于他专业知识扎实，头脑又灵活，很快就融入了工作之中，得到了同事的羡慕和上司的赞扬。可他却有点儿恃才傲物，自命不凡，别人的事情，他都爱插手，虽然提的意见有时很有见地，但别人都不买他的账。一次开会时，上司提了一个方案，他马上进行反驳，并提出了自己的意见，上司表面点头允许，心里却对他产生了怨恨情绪。后来公司找了一个借口将他辞退了。

有时，也会有这样一种奇怪的现象，某位严厉的领导对一般人都很苛刻，听不进丝毫不中听的话，可对某一个人却网开一面，即使他顶撞自己也不以为意，其实也没什么好奇怪的，这位敢于顶撞领导而又不被责怪的人，大半是个无私、正直的人，而他的无私与正直很多时候恰恰体现在对其他人，包括对批评、诋毁自己的人的包容上。清则无鱼，过分反之，水至招摇，漠视别人，往往会被众人排挤隔离。

唐朝著名宰相狄仁杰任并州都督府法曹时，同僚郑崇质奉命出使一个很遥远的蛮荒之地。彼时郑崇质有一个年老多病的母亲，让他不顾其老母而径自远行，很是心不忍，担心自己走后母亲无人照料。狄仁杰见状对他很是同情，便求见时任主管长官的长史蔺仁基，说："郑崇质的母亲如此老弱，我们怎么能忍心让他在万里之外还要为老母忧心呢？"于是他自告奋勇，主动代替郑崇质出使。

狄仁杰的举动使蔺仁基大为感动。此时蔺仁基正和司马李孝廉闹矛盾，两个人不但在公事上互相拆台，而且在平时也互不理睬，都以看对方出丑为乐。面对正直无私的狄仁杰，蔺仁基大感惭愧，于是主动去找李孝廉，把狄仁杰的事说了五遍，感叹道："与仁杰相比，我们能不自惭形秽吗？"李孝廉也深受震动，二人从此便冰释前嫌。

狄仁杰时时都能秉着从大局出发的原则，不仅对同僚爱护，即使对曾经和自己有过节的人，也摒除个人恩怨，与他们和睦相处。

狄仁杰秉性耿直，喜欢据理力争，有时不免当面顶撞武则天，但奇怪的是，对臣下一贯非常严苛的武则天，对狄仁杰却十分敬重，不仅不介意狄仁杰的顶撞，反而会常常爽快地接受他的建议。

有一次，武则天到洛阳附近的三阳宫避暑，一个来自西域的和尚请她去观赏佛教圣物舍利子，笃信佛教的武则天很高兴地答应了。然而，当她准备出发时，狄仁杰却跪到了驾前，振振有词地说："佛不过是夷狄之神，不应凌驾于天下之主之上。再者，山路险狭，极不安全，陛下此行实在有所不宜。"当时武则天只是一笑置之，仍然坚持上路。但是走到半路，她却越想越觉得狄仁杰说得有理，于是又下令打道回府，一边还自我解嘲说："这是为了成全朕这位直臣的气节。"

武则天平时尊称狄仁杰为国老，而不直呼他的名字，这更是其他大臣望尘莫及的殊荣。狄仁杰晚年腿脚不便，武则大便让他在朝见的时候不用行跪拜之礼，并开玩笑说："每次见到你跪，朕的身子也会痛起来。"

当时的大臣都必须在宫中宿值，考虑到狄仁杰年老体弱，武则天就免除了他的这项差事，并对其他大臣说："你们尽量不要去麻烦狄公，除非是军国大事。"与其他许多在武则天手下或被杀或遭贬的重臣相比，狄仁杰这样一个并不曲意逢迎、明哲保身的人却能平安无事，实在是一个奇迹。

人生感悟

对于一个耿直的人而言，人们的赞赏和美誉并不是预期要获得的，那只不过是命运额外的奖赏。但是，虽然说耿直并没有错，但只有以包容为基础的耿直，才能成全自己的良心，才有可能得到人们的赞赏，获得别人的认可。

宽容能让你活得更轻松

从前，有一位乡下人，在大年初一时，发现自家门外多了个非常不吉利的东西——盛骨灰的陶罐。不知是哪个缺德的人干的"好事"，后来察知是一位邻村的仇人干的。他冷静地想了一想，在陶罐里种上一株百合花，花开了，他悄悄地送了过去。这一举动打破了原先的僵局。百合花的盛开化解了两家人的仇恨，同时也捎去了他的仁慈之心。那位邻村仇人在一片真心面前，登门道歉，自惭形秽，他那只占一小片空间的宽容之心也被唤醒了。两人的宽容之心互相交换，冤仇自然消除了。

历史上，懂得宽容他人过错的人多是会做事的人。这样的例子几乎举不胜举。

有人说，宽容是一种修养，是一种处变不惊的气度。现实生活中，经常会发生一些预料之外的情况，宽容便是一种大祸临头面不改容的潇洒。别人批评了你，想想自己的过失；同事误解了你，想想别人的难处；朋友出卖了你，想想终于又看清了一个人的为人。

宽容是一种理解，一种体谅。在几十亿人中，能走到一起，本身就是一种缘分。世界上没有和你完全一样的人。能够生活在这个世界上，本身就是一种幸运。宽容应该是相互的，在一个单位上班，领导与领导之间，领导与同事之间，同事与同事之间，需要相互宽容，能在一起工作本身就是一种福分；在家庭生活中，上一辈与下一辈之间，丈夫与妻子之间，兄弟姊妹之间，同样需要宽容，因为对我们而言，都只有今生，而没有来世。

宽容待人是一种美德，是一种思想修养，也是人生的真谛，你能容人，别人才能容你，这是生活的辩证法则。那么，容人究竟容什么？大致有以下几方面：

容人之长：人各有所长，取人之长补己之短，才能相互促进，事业才能发展。相反，有的人却十分嫉妒别人的长处，生怕同事和部属超过自己而想方设法进行压制，其实这种做法是很愚蠢的。

容人之短：金无足赤，人无完人。人的短处是客观存在的；容不得别人的短处势必难以共事。

容人个性：由于人们的社会出身、经历、文化程度和思想修养各不相同，所以人的性格各异。因此容人从根本上来说就是要能够接纳各种不同性格的人，这不仅是一种道德修养，也是一门艺术。从历史上看，许多领袖人物，都是善于团结各种不同性格的人共同工作的典范。

容人之过："人非圣贤，孰能无过。"历史上凡是有作为的伟人，多数都能容人之过。

容人之功：别人有功劳，本应该感到高兴，但有的人心胸狭窄，生怕别人功劳大会对自己构成威胁。这些都说明容人之功不易。只有那些以国家、民族利益为重，胸怀开阔的人才能做到。

人生感悟

天下没有渡不了的河，没有过不去的山，也没有解不开的结。人生就是那么短短几十年，有什么事值得非要耿耿于怀，搞得自己不开心呢？记住：开开心心地生活和工作，比什么都重要！

容人之过，方显大家本色

古人云："水至清则无鱼，人至察则无徒。"要想成就一番大的功业，必须要有这样用人的意识。天下奇才，偏于一面者，十有八九。金无足赤，人无完人。很多人只能看到别人的缺点而无法赏识别人的长处，如果这样的话，就很难成就什么大事业。做大事者要有容人之量，这样才会有人与你共享，为你效劳，你的事业才能不断发展壮大。

袁绍进攻曹操时，令陈琳写了三篇檄文。陈琳才思敏捷，斐然成章，在檄文中,不但把曹操本人臭骂一顿,而且骂到曹操的父亲、祖父的头上。曹操当时很恼怒,气得全身冒火。不久,袁绍失败,陈琳也落到了曹操的手里。一般人会认为,曹操这下不杀陈琳就难解心头之恨了,然而,曹操并没有这样做。他羡慕陈琳的才华,不但没有杀他,反而不计前嫌,委以重任,这使陈琳很感动,后来为曹操出了不少好主意。

大凡胸怀大志、目光高远的仁人志士,无不以大度为怀,置区区小利于不顾。相反,鼠肚鸡肠、竞小争微、对片言只语也耿耿于怀的人,没有一个成就了大事业,没有一个是有出息的人。

心胸狭窄,容不得一个"怒"字,是愚蠢的人。曹操和周瑜都是三国时代才华横溢的人物,然而两人的度量大相径庭。曹操虽然奸诈凶狠,却有政治家的胸怀,门下广纳贤士,而周瑜嫉贤妒能,谁都容纳不下,最后被活活气死。

周瑜是个将才,可是他没有大将应有的度量。周瑜聪明过人,才智超群,然而,妒嫉心极重,容不得超过自己的人。他对诸葛亮一直耿耿于怀,几次欲害之,均不得逞。赤壁之战,周瑜损兵马,费钱粮,却叫诸葛亮图了个现成,气得周瑜"大叫一声,金疮迸裂"。

后来,周瑜施用美人计,骗刘备去东吴成亲,被诸葛亮将计就计,最后是"赔了夫人又折兵",又气得周瑜"大叫一声,金疮迸裂"。

最后,周瑜用"假途灭虢"之计,想谋取荆州,被诸葛亮识破,四路兵马围攻周瑜,并写信规劝他,周瑜仰天长叹:"既生瑜,何生亮!"连叫数声而亡,由此可见周瑜肚量之小。

一个有作为的人,首先要具备豁达、开放、包容的胸襟,而后才能事业有成。俗话说:"有多大肚量成多大事。"心胸狭窄,不懂得宽容的人,自己做事时也许会取得小小成就,做领导却是肯定不能成气候的。本来,领导与员工这种雇用与被雇用的关系就容易有隔阂,员工们害怕被领导指责,而加倍小心,努力工作,如果领导对员工出现的每一处错都不放过,斤斤计较,就更会加剧这种恐惧。试想,一个员工和领导互为敌人的公司、企业,又怎么能做好、做大呢?

事实证明,事业越成功的人,也就越有宽容之心。宽容犹如春天,可使万物生长,成就一片阳春景象。宰相肚里能撑船,不计过失是宽容,不计前嫌是宽容,得失不久踞于心,亦是宽容。宽容可助你赢得下属的忠诚,保持其积极进取的心;可使你不受一时得失的影响,保持对事情正确的判断。所以，如果你想有所作为，获得成功，那就要学会宽容，养成能够容忍谅解别人不同见解和错误的肚量。

假如你不相信这一点，不按"宽容"行事，那么，你就永远不可能成为一名真正的成功者。试想一下，如果你因别人的一点过错就心生怨恨，一直耿耿于怀，甚至想打击报复，整日沉湎于一些琐事上，那么你还有精力发展自己的事业吗？

人生感悟

学会善待他人，拥有豁达、宽容的胸怀是成功者的必备品。

以宽容之心度他人之过

一个人待人处世的心胸要宽厚，才能使你身边的人不会产生不平的牢骚；死后留给子孙与世人的恩泽要流得长远，才会使人有不断的思念。

生活中，一个心胸狭窄的人，凡事都与他人斤斤计较、不依不饶的，必然会招致他人的不满。但如果善以做事，宽以待人，凡事为他人多想，心底无私，眼界才会广阔，才能与人交往长久，深得人心。

东汉时，班超一行在西域联络了很多国家与汉朝和好，但龟兹恃强不从。班超便去结交乌孙国。乌孙国王派使者到长安来访问，受到汉朝友好的接待。使者告别返回，汉章帝派卫侯李邑携带不少礼品同行护送。李邑等人经天山南麓来到于阗，传来龟兹攻打疏勒的消息。李邑害怕，不敢前进，于是上书朝廷，中伤班超只顾在外享福，拥妻抱子，不思中原，还说班超联络乌孙，牵制龟兹的计划根本行不通。

班超知道了李邑从中作梗的消息，叹息说："我不是曾参，被人家说了坏话，恐怕难免见疑。"他便给朝廷上书申明情由。汉章帝相信班超的忠诚，下诏责备李邑说："即使班超拥妻抱子，不思中原，难道跟随他的一千多人都不想回家吗？"诏书命令李邑与班超会合，并受班超的节制。汉章帝又诏令班超收留李邑，与他共事。

李邑接到诏书，无可奈何地去疏勒见了班超。

班超不计前嫌，很好地接待李邑。他改派别人护送乌孙的使者回国，

还劝乌孙王派王子去洛阳朝见汉帝。乌孙国王子起程时，班超打算派李邑陪同前往。

有人对班超说："过去李邑毁谤将军，破坏将军的名誉。这时正可以奉诏把他留下，另派别人执行护送任务，您怎么反倒放他回去呢！"班超说："如果把李邑扣下的话，那就气量太小了。正因为他曾经说过我的坏话，所以让他回去。只要一心为朝廷出力，就不怕人说坏话。如果为了自己一时痛快，公报私仇，把他扣留，那就不是忠臣的行为。"李邑知道后，对班超十分感激，从此再也不诽谤他人。

由此看来，在处理复杂的人际关系时，宽容不失为一剂利人利己的良药。

公元前605年楚庄王平息了叛乱，非常高兴，班师回朝，在宫内举行了盛大的庆功会，大摆筵席。庄王下令，群臣可以尽情畅饮。到傍晚，酒兴还都未尽。

庄王命令点燃蜡烛，继续狂欢。庄王看到群臣们这样高兴，就让自己的爱妃许姬给大家敬酒，许姬漂亮，出来给大家敬酒更加增添了几分欢快的气氛，正当她给大家一一敬酒时，一阵大风吹来，把大厅里的烛火全吹灭了。这时有人趁机扯住了许姬的衣袖，想调戏她。许姬非常聪明，她并没有声张，而是趁机把那人的帽缨扯断，请求庄王查出这个人后处治。庄王听后，却大声说，今日宴会大家都要尽兴痛饮，把自己的帽缨都摘下来。大臣们都摘下自己的帽缨后，庄王才命令点燃蜡烛。许姬对此感到非常惊讶，席后，许姬埋怨庄王不为她出气。

庄王笑着说，人主群臣尽情欢乐，现在有人酒后失礼有情可原，如果为了这件事诛杀功臣，将会使爱国将士感到心寒，国民将不会再为楚国尽力，许姬不由地赞叹楚王想得周到。

后来，楚庄王亲自率领军队攻打郑国，不料被郑国的伏兵围困住，正在危急时刻，楚军的副将唐狡单人匹马冲入重围，救出了楚庄王，庄王重赏唐狡，唐狡辞谢说："绝缨会上，扯许姬衣袖的正是下臣，蒙大王不杀之恩，所以今日舍身相报。"庄王听后感慨万千。

人生感悟

宽容，这是做人的美德和修养。待人宽一分是福。没错，倘若楚庄王没有宽广的胸怀和气量，就不可能有卫国戍边中战功显赫的唐狡。对待他人宽容大度就是有福之人，因为在便利别人的同时也为方便自己奠定了基础。当他人冲撞你、冒犯你时，若你能宽容待之，人家就会认为你坦诚无私，胸襟广阔，人格高尚，于是你的身边会挚友云集，为你赴汤蹈火，在所不惜。

得理也要让三分

日常生活中常有这样两种人：一种人无理也要争三分，得理更不让人，小肚鸡肠；另一种人则是真理在握，不卑不亢，糊涂一点，得理也让人三分。而后者则更显得绰约柔顺，更能服人。在我国历史上有许多名人贤士，他们在做人处事上的豁达大度给我们做出了榜样，值得我们学习。比如著名晋商乔致庸正是通过这种"手下留情"的做法赢得了一位朋友。

当年，乔致庸的兄长乔致广因与邱天俊在包头争做高粱霸盘，误入邱家设置的圈套，大量吃进高粱，结果银根吃紧，陷入困境，面临倒闭。乔致广因此悲愤成疾，过早去世。对乔家来说，邱家是不共戴天的仇敌。

乔致庸执掌乔家生意后，在师爷孙茂才的协助下，略施小计，使邱家大上其当，形势急转直下，面临破产。在这样的情况下，是发泄私愤、报仇为快，还是得理让人、共建商界秩序呢？在孙茂才的劝导下，乔致庸没有对邱家落井下石，穷追猛打，而是抛弃家仇，主动与邱家和解，帮助邱家解围。

乔致庸此举着实让邱家感动不已。邱家发誓不仅不再与乔家为敌，而且要在乔家有难的时候鼎力相助。当乔致庸帮助左宗棠西征新疆的时候，邱家果然献出巨资相援，履行了当初的诺言。

中国有一句老话叫"和气生财"。

在商业经营中，即使遇到客人的无理行为，也尽量不要把事情弄僵，最好是能给客人一个体面的台阶，让他自己走下去，这样既不会使自己的公司遭受损失，也不至于得罪客人。

上海有一家高档酒店，经常有外宾慕名而来。一天，一位外宾吃完

第四篇 ◆ 包容是一种生活智慧

105

最后一道菜后，顺手将一双精美的景泰蓝筷子悄悄地插进了自己的内衣口袋里。

这一幕被站在外宾身后的服务小姐看到了。于是，她回身取来了一只装有一双景泰蓝筷子的小盒子，双手捧着，不动声色地迎上前去，对这位外宾说："我发现先生在用餐时，对我国的景泰蓝筷子非常喜欢。为了表达我们酒店的感激之情，经餐厅主管批准，我代表酒店将这双图案精美，并经过严格消毒的景泰蓝筷子拿给您，我们将按照酒店的优惠价格记在您的账上，您看可以吗？"

这位外宾自然听出了服务小姐的弦外之音，在对服务小姐如此周到的服务表示谢意之后，他趁机说自己多喝了两杯，头脑有点发晕，误将筷子插入了自己的口袋。

然后，外宾借此台阶而下，说："既然这种筷子没有消毒一定不好用，我就以旧换新吧！"说着，接过了服务小姐送上的小盒子，然后取出内衣口袋里的筷子，放回了桌上。

服务小姐得理也让人，巧妙地处理了这起令外宾尴尬的事情。假如换一种方式来处理，或当面说外宾偷筷子，让他拿出来，或让酒店的保安来处理这件事情，效果恐怕就不会很好。因此，有时给别人一个台阶，保住别人的尊严，不失为明智的选择。

人生感悟

做人要有高姿态。别人如果因伤害了你而理亏的时候，你得理也要让三分，不能穷追猛打，否则别人没有了退路，势必极力反扑，你自己也就没有了余地，结果可能会造成两败俱伤。让与不让，会得到两种不同的结果——得理让人会天宽地阔，得理不让人会使路越走越窄。

少些抱怨，多些感恩

相传在一个寺庙里，住持给寺院立了这样一个规矩：每年年底，寺庙里的和尚都要对住持说两个字。

第一年年底，住持问新和尚最想说的是什么，新和尚说："床硬。"

第二年年底，住持又问新和尚最想说什么，新和尚说："食劣。"

到了第三年年底，新和尚没等住持提问，自己就说："告辞。"

住持望着新和尚离去的背影自言自语地说："心中有魔，难成正果，可惜！可惜！"

住持之所以这样说，是因为那个新和尚不知感恩。

我们再来看一个关于罗斯福的故事。

一次，美国前总统罗斯福家失盗，被偷去了许多东西，一位朋友闻讯后，忙写信安慰他，劝他不必太在意。罗斯福给朋友写了一封回信："亲爱的朋友，谢谢你来信安慰我，我现在很平安。第一，贼偷去的是我的东西，而没有伤害我的生命；第二，贼只偷去我部分东西，而不是全部；第三，最值得庆幸的是，做贼的是他，而不是我。"对任何一个人来说，失盗绝对是不幸的事，而罗斯福却找出了感恩的三条理由。

在现实生活中，我们经常可以见到一些不停埋怨的人，"真不幸，今天的天气怎么这样不好""今天真倒霉，碰见一个乞丐""真惨啊，丢了钱包，自行车又坏了""唉，股票又被套上了"……这个世界对他们来说，永远没有快乐的事情，高兴的事被抛在了脑后，不顺心的事却总挂在嘴边。每时每刻，他们都有许多不开心的事，把自己搞得很烦躁，把别人搞得很不安。

其实，所抱怨的事并不是什么大不了的事，在日常生活中是经常发生的一些小事情。但是，明智的人一笑置之，因为有些事情是不可避免的，有些事是无力改变的，有些事情是无法预测的。能补救的则需要尽力去挽回，无法转变的只能坦然受之，最重要的是要做好目前应该做的事情。

有些人把太多事情视为理所当然，因此心中毫无感恩之念。既然是当然的，何必感恩？一切都是如此，他们应该有权利得到的。其实正是因为抱有这样的心态，这些人才会过得一点也不快乐。

世上再没有比活着更值得庆幸的事了。明白了这个道理，人生才会充满感恩，才会充满欢乐。其实，活着就值得庆幸，就应该感恩。

一天，一位乡下汉子在过桥时不慎连人带小四轮拖拉机一头栽进一丈多深的河中。谁知，眨眼工夫，这位汉子像游泳时扎了一个猛子般从水里冒了出来，围观的人将他拉了上来。上岸后那汉子竟没有半丝悲哀，却哈哈大笑起来。

人们惊奇，以为他吓疯了。有人好奇地问他："笑啥？"

"笑啥？"汉子停住笑反问，"我还活着——连皮毛都没伤着，不值得笑？"

我们要满怀感恩。

感恩父母，是他们给了我们生命，这是一个奇迹，是他们呵护着生命成长成枝繁叶茂的大树，父母的牵挂与叮咛挂满了这棵大树的枝头。

亲人的关爱、友人的牵挂、恩师的教诲，这都是你感恩这个世界的理由。感恩的心容易感动，感动的心充满感激，感激的心快乐无穷。

当你被恶人欺负的时候，那个为你挺身而出的人；当你被众人围观，那个主动为你解围的人；当你消沉空虚时，那个陪你聊天给你鼓励的人；还有公共汽车上与你素不相识的却给你让座的人……不幸时亲朋好友纷纷嘘寒问暖，工作失误时上司不是对你粗暴专横地指责，而是耐心开导，婉言相劝。生活中别人给予你的点点滴滴，你都应该铭记在心里，适时回报别人，感恩别人。即使是那些给予你苦难和挫折的人，你依然要心存感恩，而不是怨恨。因为正是他们的馈赠，才丰富了你的人生阅历，让你成熟，让你增加智慧。

人生感悟

学会感恩，你就不会因为所谓的不公而怨天尤人，斤斤计较；学会感恩，你就不会一味地索取，一味地膨胀自己的欲念，人生苦短，生命有限，我们应该多采撷生活的美果放于幸福的篮中，使生活甜蜜、快乐、幸福。

第五篇

用低调演绎精彩人生

低调是为人处世的基本原则

"心事宜明"是做人的原则,"才华须韫"是做事的原则。那么细细品味,总结起来,做人与处世的原则就是要保持低调。

人生在世,能减少一些麻烦,就多一分超脱世俗的乐趣。如交际应酬减少,就能免除很多不必要的纠纷困扰,闲言乱语减少就能避免很多错误和懊悔,思考忧虑减少就能避免精神的消耗,聪明睿智减少就可保持纯真本性。假如不设法慢慢减少以上这些不必要的麻烦,反而千方百计去增加这方面的活动,那就等于是用枷锁把自己的手脚锁住。

东汉的西域都护班超直到七十多岁高龄,朝廷才允许他退休。接替他的任尚向班超请教治理西域的忠告,班超对他说:"兴一利不如除一弊,生一事不如省一事……宜荡佚简易,宽小过,总大纲而已。"要他以简易宽和为主。任尚觉得这是老生常谈,就抛之脑后,对人说:"我以班君当有奇策,今所言平平耳。"后来不过四年,任尚因过于严苛急躁,失去与边疆民族的和睦关系,导致西域各国纷纷叛汉来攻打他,任尚退到班超精心经营的疏勒根据地,靠疏勒人的保护才捡回性命,但西域的土地却全部丢失了。可见求大同、存小异,才能真正把握全局。班超经营西域达30年,得到西域各民族的钦佩和拥戴,使汉朝扬威异域直达中亚细亚。因功拜定远侯,正是依靠这一要领。可见这乃是英雄人物处事的方法。

在中国古代做人术中,"大智若愚"演变为一套内容极其丰富的韬光养晦之术。

乐毅率燕军踏平齐国,田单又率齐人大破燕军,功成名就之时,却都是遭君王猜忌之日。那些见过大风大雨的"过来人"对老子的名言"挫其锐、解其纷、和其光、同其尘,是谓玄同"理解格外深刻。因而每当身处一些"特殊关系"的微妙场合,或者在面临生命威胁的紧要关头,韬晦一方无不恬然淡泊,大智若愚。

商纣王荒淫无道、暴虐残忍,一次长夜之饮,昏醉不知昼夜,问左右之人,"尽不知也",又问贤人箕:产。箕子深知,"一国皆不知,而我独知之,吾其危矣"。于是亦装作昏醉,"辞以醉而不知"。

战国四君子之一魏信陵君广结天下豪杰，广纳天厂贤才，"士以此方数千里争往归之"，拥有足以与魏王抗衡的政治实力，魏王也不得不让他三分，可是当他公然"窃符救赵"，违背魏王的意志，解救了正受秦兵压境威胁的赵国，建立了功勋之后，却使魏王难以容忍，"诸侯徒闻魏公子，不闻魏王"，秦国马上施以离间之计，促使魏王剥夺了信陵君的实权。魏王担心信陵君威望犹在，有朝一日会东山再起，仍然视作心腹大患，信陵君为此"谢病不朝，与宾客为长夜饮，饮醇酒，多近妇女"，以降低人格的方式减轻魏王的戒惧。

人生感悟

韬晦之术在汉以后的所有做人术中发展最为充分，许多成大事者，在成就之前都有韬晦的历史，善于避让那些看似胸无大志，实际暗伏杀机的身边人。无不以弱者的形象做出强者的举动。常言道："识时务者为俊杰。"所谓俊杰，并非专指那些纵横驰骋如入无人之境、冲锋陷阵无坚不摧的英雄，而是应当包括那些看准时局、能屈能伸的聪明者。

低调是强者最好的外衣

知道自己什么时候该低调，什么时候该退让，是智者做人处世的良策，是值得我们所有人来借鉴的！人不论做什么事，应罢手不干时，就要下定决心结束，因为低调是强者最好的外衣。

月盈则亏，水盈则溢。水与月都是自然界最有"道"的两种事物，连它们都不能太满，何况人。以退让开始，以胜利告终，是人情关系学中不可多得的一条锦囊妙计。

春秋后期越国的名臣范蠡，精通韬略，足智多谋，拜为大夫。勾践三年，吴王夫差大破越军，勾践人吴俯首称臣。范蠡在吴国作了两年人质。三年后归国，他与文种拟定了兴越灭吴九术，是越国"十年生聚，十年教训"的策划者和组织者。为了实施灭吴战略，也是九术之一的"美人计"，范蠡亲自跋山涉水，终于在苎萝山浣纱河访到德、才、貌兼备的巾帼奇女——西施，在历史上谱写了西施深明大义献身吴王，里应外合兴越灭吴的传奇篇章。

范蠡追随越王勾践二十多年，苦身戮力于灭吴，成就越王霸业，被尊为上将军。他辅佐勾践卧薪尝胆，图强雪耻。然而范蠡深知勾践的为人，只可同患难，不可共安乐，于是在举国欢庆之时，范蠡急流勇退，携妻带子，秘密离开了越国。

后来，他辗转来到齐国，变姓名为鸱夷子皮，带领儿子和门徒在海边结庐而居。戮力垦荒耕作，兼营副业并经商，没过几年，就积累了数千万家产。

他仗义疏财，施善乡梓，范蠡的贤明能干被齐人赏识，齐王把他请进国都临淄，拜为主持政务的相国。他喟然感叹："居官致于卿相，治家能致千金。对于一个白手起家的布衣来讲，已经到了极点。久受尊名，恐怕不是吉祥的征兆。"于是，三年后，他再次急流勇退，向齐王归还了相印，散尽家财给知交和老乡。

一身布衣，范蠡第三次迁徙至陶（今山东定陶西北），在这个居于"天下之中"（陶地东邻齐、鲁；西接秦、郑；北通晋、燕；南连楚、越）的最佳经商之地，操计然之术（根据时节、气候、民情、风俗等，人弃我取、人取我与，顺其自然、待机而动）以治产，没出几年，经商积资又成巨富，遂自号陶朱公，当地民众皆尊陶朱公为财神，乃我国道德经商——儒商之鼻祖。

人生感悟

<u>真正能有大作为的人，从来不与人争名夺利，一个人究竟强不强，不是看你多出名，多有权多有势，而是看你有没有真正让自己强硬起来的坚实基础和本事。只有真正有本事的人才讲究运筹帷幄，厚积薄发，修于内而成于外，才是真正让人佩服的强者。</u>

低调做人是为人处世的基本姿态

在现实社会中，你可能是一位大权在握的政府官员，一位叱咤风云的统兵将领，一位财大气粗的企业老板，一位才高八斗的专家学者，一位如日中天的艺术明星，在你的行当里威风八面，一呼百应，你光彩照人，风光无限。但即便如此,更多的时间你仍要与同事、下级、同学、邻居以及许许多多的平常人相处。

这些平常人更关心自己的工作是否稳定,生活是否有保障,家庭关系是否和谐。也正是这个基本群体构成了社会的绝大多数,并给我们的生活提供了常规的色彩。我们个人能否融入其中,在于我们处世格调和姿态的高下,在于我们是否甘愿与世界站成一个平面,融成一个群体。

富兰克林被称为美国之父。有一则故事说:他年轻时,应一位老前辈之约,昂首挺胸地走进一座低矮的小茅屋,一进门,"嘭"的一声,他的额头撞在门框上,青肿了一大块。老前辈笑着出来迎接说:"很痛吧?你知道吗?这是你今天来拜访我最大的收获。一个人要想洞明世事,练达人情,就必须时刻记住低头。"富兰克林记住了,富兰克林最后也成功了。

在深圳的众多雕塑中有一头牛,它的一个显著特点就是低着头。那么我们又何必面对社会昂首挺胸呢?低调做人,就是在为人处世时摆正自己的位置,低调一点,谦虚一点,友善和气,甘于让人,甘于与人平起平坐。

有道是,人间高处不胜寒,尘世低处好安身。位高权重、财大势强之人都居于社会的"高处"和"显眼处",表面的荣耀和光彩之下,也许暗藏着众目所向和众矢所指的危险,此时的"高处"渗透着凛冽的寒意,只有急流勇退、及早抽身,甘于低调做人的人,才能避祸趋吉,永保平安。

"指挥皆上将,谈笑半儒生"的徐达,儿时曾与朱元璋一起放过牛。在其戎马一生中,有勇有谋,用兵如神,为明朝的创建立下赫赫战功,是中国历史上著名的谋将帅才,深得朱元璋器重。

但是,就是这样一位战功赫赫的人,却从不居功自傲。徐达每次挂帅出征,回来后立即将帅印交还,回到家里过着极为俭朴的生活。按理说,这样一位儿时与朱元璋一起放过牛的至交,且战功卓著,完全可以在都城中"享清福"。朱元璋为了奖励徐达,就想将自己的旧邸赐给他。朱元璋的这些旧邸,是其登基当吴王时居住的府邸。可徐达死活不肯接受。万般无奈的朱元璋请徐达到旧邸饮酒,将其灌醉,然后蒙上被子,亲自将其抬到床上睡下。徐达半夜酒醒,当知道自己睡的是什么地方后,连忙跳下床,俯在地上自呼死罪。

朱元璋见其如此谦恭,心里十分高兴,命人在此旧邸前修建一所宅第,

第五篇 ◆ 用低调演绎精彩人生

门前立一牌坊，并亲书"大功"二字。徐达功高不骄，还体现在他虚心好学、严于律己上。放牛出身的徐达，少年无读书机会，但他十分好学，虚心求教，每次出征时都携带了大量书籍，一有时间便仔细研读，掌握了渊博的军事知识。因此每每临阵指挥，莫不料敌如神，进退自如，且每战必胜，令人心服。

身为统帅的徐达，还能处处与士兵同甘共苦。遇到军粮不济，士兵未饱，他也不饮不食；扎营未稳，他也不进帐休息；士卒伤残有病，他亲自慰问，送药治疗；如遇上士卒牺牲，他更是重视而筹棺木葬之。将士对他无不感激和尊敬。

原本可以声色犬马的徐达，却平生无声色酒赌之好，"妇女无所爱，财宝无所取，中正无所疵，昭明乎日月"。朱元璋赐予他一块沙洲，由于正处于船只水路必经之地，家臣以此擅谋其利，徐达知道后，马上将此地上缴官府。

徐达深谙为人处世之道，不论作了多大贡献，也不邀功，也不请赏，视自己如平常人一样。因为他懂得，不管官有多大，自己有多大本领，都要夹着尾巴做人，所以他才会得以善终，若他同韩信一般，居功自傲，恃才傲物，不知收敛，朱元璋也不会如此放心，定会将其杀之以除心患。

1358年，徐达病逝于南京，朱元璋为之辍朝，悲痛不已，追封为中山王，并将其肖像阵列于功臣庙第一位，称之为"开国功臣第一"。

徐达有功不邀，不贪便宜，看低自己，所以才善始善终，名垂青史。

人生感悟

做人不可骄傲自满。有了成绩便不可一世，眼中容不得任何人，这往往会成为人们攻击的对象，所以做人不管有多大的权势和资本，也应该放下身架，保持低姿态为好。

不要被无聊的事牵扯你的宝贵精力

不要为名利所累，一定要抓紧有效的时间多做有利于奠定人生基业的大事。在现实生活中，一些名人尤其是名演员、名歌星、球星受到人群的围观骚扰，连散步、购物之类的基本行动自由都难以保证；甚至因名声引来各种各样千奇百怪的麻烦事乃至灾祸。

"我此后的生活又将怎样呢？"

这是当时年仅31岁的李政道获悉自己荣获诺贝尔奖时发出的一声感叹。他当时的心情并不如一般人所想象的那样，全是被欢欣与高兴所充斥，而是更长远地考虑到了自己获奖之后的人生道路该怎样走。众多的事实表明，获奖尤其是获诺贝尔奖——一项举世瞩目的大奖，能使获奖的科学家在一夜之间成为人人皆知的名人，而这对于他们日后包括科学研究在内的各项人生抉择，都将产生很大影响。

这种影响在负面的意义上，至少有这么几项：获奖使获奖者与自己以往亲密的同事之间划出了鸿沟，造成了一定的距离；少数获奖后的科学家将主要精力转移到社会领域与政治活动中，自觉或不自觉地充当了社会贤明的角色；因为公众将他们视为权威，所以他们也不时遭到名人所遭受的骚扰等，从而对他们继续潜心于科学的研究，会带来不利的影响。有一位诺贝尔奖获得者曾这样回忆说："我得奖的那一年真糟糕，得奖当然是好极了，但一年内我什么工作也没做。"

先哲有言：毁或无妨，誉则可怕。如果不能正确对待名和利，那么已有的名利其负面效应也是相当危险的，尤其是对于那些人生观确立不太牢靠，在事业上浅尝辄止的人而言，很容易被捧杀，造成他的事业与人生的昙花一现。

因此，我们要视名利为烟云，当名利场中的过客，万万不能因名利而高人一等。这主要包括三个方面：首先，对于不属于自己应得的名和利，绝不可要，否则，在日常生活中，做一个沽名钓誉者，即使能暂时获得某些大红大紫的得意和快意，日后真相大白时，也必有无穷无尽的烦恼接踵而来；其次，对于那些勉强可以得到的名和利，要有一种谦让的精神，将其推让与其他人，这既会增加同事间彼此的友好关系，又是个人具有自知之明的一种表现；再次，即使是自己应得的名和利，也要善于将其化为前进的动力，绝不能使之成为人生的负累、前进的阻力，也不能把名利当作炫耀的资本。

我们知道，满桶水不响，半桶水晃荡，绝不能作"半桶之水"！须知天外有天、人外有人确实存在。功成名就要有一种谦逊的态度，自觉地在名利场中作看客，则表明他有一种广阔的心境，自然能自得其乐。《菜根谭》中说：世人只知道拥有名声地位是令人快乐的事，却不知道没有名声地位的快乐才是真正的快乐；世人知道挨饿受冻是令人忧虑的事情，却不知道不愁吃不愁穿但精神上有某种痛苦才是真正的痛苦。其意思也就是告诉我们，平凡的人生才是幸福的人生，静静地生活，静静地享受，用不着去承受大起大落，也用不着去承受大富大贵。只可惜世人都不珍惜自己拥有的平凡生活，为名利终日忙碌，四处奔波，等真正明白什么是幸福时，已为时晚矣。

世人不辞辛苦地为了更高的职务、更多的利益，不惜绞尽脑汁寻找达到目标的手段和妙方，孰知这就在不知不觉中玷污了自己纯洁的心灵，即使捞到了丁点名利上的好处，却已不受人喜爱，这才是真正的悲剧。尽管《菜根谭》中的观点有些明哲保身的消极思想，但其中也包含着不可忽视的真知灼见。

人生感悟

视名利如烟云，人生更能潇洒快乐。

先潜下心来，后伸出手去

吟出"惜秦皇汉武，略输文采，唐宗宋祖，稍逊风骚，一代天骄成吉思汗，只识弯弓射大雕"词句的一代伟人毛泽东，到晚年仍然佩服曾国藩，说他是"地主阶级中最厉害的人物"。由此可见毛泽东"独服曾文正公"的情结。

曾国藩真无愧是一面"人镜"，他可以识人、识事，尤其可以恰到好处地修行自己，坦然应对不利的局面，化不利为有利。

曾国藩是在他的母亲病逝，在家守丧期间响应咸丰帝的号召，办团练组建湘军的。不能为母亲守三年之丧，这在儒家看来是不孝的。但由于时势紧迫，他听从了好友郭嵩焘的劝说，"移孝作忠"，为清王朝出山了。

可是，他的锋芒太露，因此处处遭人忌妒，受人暗算，连咸丰皇帝也不信任他。1857年2月，他的父亲曾麟书病逝，清朝给了他三个月的假，令他假满后回江西带兵作战。曾国藩伸手要权被拒绝，随即上疏试探咸丰帝说自己回到家乡后日夜惶恐不安。"自问本非有为之才，所处又非得为之地。欲守制，则无以报九重之鸿恩；欲夺情，则无以谢万节之清议。"咸丰皇帝十分明了曾国藩此一试探性的口吻，咸丰见江西军务已有所好转，曾国藩此时只是一只乞狗，效命可以，授予实权万万不可。于是，咸丰皇帝朱批道："江西军务渐有起色，即楚南亦就肃清，汝可暂守礼庐，仍应候旨。"假戏真做，曾国藩真是哭笑不得。同时，曾国藩又要承受来自各方面的舆论压力。此次曾国藩离军奔丧，已属不忠，此后又以复出作为要求实权的砝码，这与他平日所标榜的理学家面孔大相径庭。因此，招来了种种指责与非议，再次成为舆论的中心。朋友的规劝、指责，曾国藩还可以接受，如吴敏树致书曾国藩谈到"曾公本以母丧在籍，被朝命与办湖南防堵，遂与募勇起事。曾公之事，暴于天下，人皆知其有为而为，非从其利者。今贼未平，军不少息，而叠遭家故，犹望终制，盖其心诚有不能安者。曾公诚不可无是心，其有是心而非讹言之者，人又知之。……奏折中常以不填官衔致被旨责，其心事明白，实非寻常所见。"吴敏树敢把一层窗纸戳破，说曾国藩本应在家守孝，却出山，是"有为而为"。上给朝廷的奏折有时不写自己的官衔，这是存心"要权"。在内外交困的情况下，曾国藩忧心忡忡，遂导致失眠。朋友欧阳兆熊深知其病根所在，一方面为他荐医生诊治失眠，另一方面为他开了一个治心病的药方，"歧、黄可医身病，黄、老可医心病"。欧阳兆熊借用黄、老来讽劝曾国藩，暗喻他过去所采取的铁血政策，未免有失偏颇。

　　朋友的规劝，不能不使其陷入深深的反思。

　　自率湘军东征以来，曾国藩有胜有败，四处碰壁，究其原因，固然是由于没有得到清政府的充分信任而未授予地方实权所致。同时，曾国藩也感悟到自己在修养方面也有很多弱点，在为人处事方面固执己见，自命不凡，一味蛮干。后来，他在写给弟弟的信中，谈到了由于改变了处世的方法而引来的收获，"兄自问近年得力唯有一悔字诀。兄昔年自负本领甚大，可屈可伸，可行可藏，又每见得人家不是。自从丁巳、戊午大悔大悟之后，乃知自己全无本领，凡事都见得人家有几分是处，故自戊午至今九载，与四十岁以前迥不相同，大约以能立能达为体，以不怨不尤为用。立者，发奋自强，站得住也；达者，办事圆融，行得通也。"以前，曾国藩对官场的逢迎、谄媚及腐败十分厌恶，不愿为伍，为此所到之处，常与人发生矛盾，从而受到排挤，经常成为舆论讽喻的中心，"国藩从官有年，饱历京洛风尘，达官贵人，优容养望，与在下者渐疏和同之气，盖已稔知之。而惯尝积不能平，乃变而为慷慨激烈，轩爽肮脏之一途，思欲稍易三四十年不白不黑、不痛不痒、牢不可破之习，而矫枉过正，或不免流于意气之偏，以是屡蹈愆尤，丛讥取戾"。经过多年的实践，曾国藩深深地意识到，仅凭他一人的力量，是无法扭转官场这种状况的，如若继续为官，那么唯一的途径，就是去学习、去适应。"吾往年在官，与官场中落落不合，几至到处荆榛。此次改弦易辙，稍觉相安。"此一改变，说明曾国藩在宦海沉浮中，日趋成熟与世故了。

然而，认识的转变过程，如同经历炼狱再生一样，需要经历痛苦的自省，每当曾国藩自悟昨日的是与非时，常常为追忆昔日"愧悔"的情绪氛围所笼罩。因此，在家守制的日子里曾国藩脾气很坏，常常因为小事迁怒诸弟，一年之中和曾国荃、曾国华、曾国葆都有过口角。在三河镇战役中，曾国华遭遇不幸，这使曾国藩陷入深深的自责中。在其后的家信中，屡次检讨自己在家其间的所作所为。如，在1858年12月16日的家信中写道："去年在家，因小事而生嫌衅，实吾度量不宏，辞气不平，有以致之，实有愧于为长兄之道。千愧万悔，夫复何言！……去年我兄弟意见不合，今遭温弟之大变。和气致祥，乖气致戾，果有明征。"1859年1月6日，又提到："吾去年在家，以小事急竟，所言皆锱铢细故。泊今思之，不值一笑。负我温弟，既愧对我祖我父，悔恨何极！当竭力作文数首，以赎余愆，求沅弟写石刻碑。亦足少抒我心中抑郁悔恨之怀。"在经历了一段时期的自省自悟以后，曾国藩在自我修身方面有了很大的改变。及至复出，为人处事不再锋芒毕露，日益变得圆融、通达。

曾国藩本不懂军事，在屡次升迁后，作为汉人也使众多的满族官吏心怀嫉妒，曾国藩能急流勇退，不断地利用韬光养晦之术，既不断地发展壮大自己，又能使人心悦诚服，难怪毛泽东也钦佩不已。

人生感悟

做人低调，静以养身更容易塑造自己。

从卑微处起步更益于立身

现今，日本国民中广为传颂着一个动人的小故事：许多年前，一个妙龄少女来到东京帝国酒店当服务员。这是她涉世之初的第一份工作，也就是说她将在这里正式步入社会，迈出她人生第一步。因此她很激动，暗下决心：一定要好好干！她想不到，上司安排她洗厕所！

洗厕所！实话实说没人爱干，何况她从未干过粗重的活儿，细皮嫩肉，喜爱洁净，干得了吗？洗厕所时在视觉上、嗅觉上以及体力上都会使她难以承受，心理暗示的作用更使她忍受不了。当她用自己白皙细嫩的手拿着抹布伸向马桶时，胃里立刻"造反"，翻江倒海，恶心得几乎呕吐却又吐不出来，太难受了！而上司对她的工作质量要求特别高，高得骇人：必须把马桶抹洗得光洁如新！

她当然明白"光洁如新"的含义是什么，她当然更知道自己不适应洗厕所这一工作，真的难以实现"光洁如新"这一高标准的质量要求。因此，她陷入困惑、苦恼之中，也哭过鼻子。这时，她面临着这人生第一步怎样走下去的抉择：是继续干下去，还是另谋职业？继续干下去——太难了！另谋职业——知难而退？人生之路岂有退堂鼓可打？她不甘心就这样败下阵来，因为她想起了自己初来时曾下过的决心：人生第一步一定要走好，马虎不得！

正在此关键时刻，同单位一位前辈及时地出现在她面前，帮她摆脱了困惑、苦恼，帮她迈好了这人生第一步，更重要的是帮她认清了人生路应该如何走。而他并不是用空洞的理论去说教，只是亲自做个样子给她看了一遍。

首先，他一遍遍地抹洗着马桶，直到抹洗得光洁如新；然后，他从马桶里盛了一杯水，一饮而尽喝了下去！竟然毫不勉强。实际行动胜过万语千言，他不用一言一语就告诉了少女一个极为朴素、极为简单的真理：光洁如新，要点在于"新"，新则不脏，因为不会有人认为新马桶脏，也因为马桶中的水是不脏的，是可以喝的；反过来讲，只有马桶中的水达到可以喝的洁净程度，才算是把马桶抹洗得"光洁如新"了，而这一点已被证明是可以办到的。

同时，他送给她一个含蓄的、富有深意的微笑，送给她一束关注的、鼓励的目光。这已经够用了，因为她早已激动得几乎不能自持，从身体到灵魂都在震颤。她目瞪口呆，热泪盈眶，恍然大悟，如梦初醒！她痛下决心："就算一生洗厕所，也要做一名最出色的洗厕人！"

从此，她成为一个全新的、振奋的人；从此，她的工作质量也达到了那位前辈的高水平，当然她也多次喝过厕水，为了检验自己的自信心，为了证实自己的工作质量，也为了强化自己的敬业心；从此，她很漂亮地迈好了人生第一步；从此，她踏上了成功之路，开始了她的不断走向成功的人生历程。

几十年光阴一瞬而过，如今她已是日本一家著名商社的董事长。她的名字叫家田惠子。

她是从一个不被关注的职位上成长起来的。在这里，她受到了锻炼，也经受了考验，正是在这个卑微的位置上，她长成了参天大树。

人生感悟

卑微不是卑贱的代名词，从卑微处也能成就大事业。

不显眼的花草少遭摧折

在不被人关注的岗位上工作，便很少与别人发生矛盾，你的秘密也不容易被人知晓，你由此可以节省出许多宝贵的时间——用来应付不必要的烦恼，从而静心地做自己的事，而不会有人来妨碍你和干扰你。

有些大作家、大学者怕的就是经常有人来打扰他，有时不得不挂上"谢绝来访"的牌子，才能免去那些被骚扰的烦恼。

历史上的苏秦、张良、诸葛亮大都是在这样的环境中修炼成旷世之才的。所以我们要干一番事业，在实力和规模还不足以搏击长空的时候，就不能与人家硬拼，而应该在不显山不露水中悄然发展。

有这样一段地方志记载：古时候在我国北方边陲，两个部落之间发生争战，结果一个部落被打败，胜利者决定杀死被打败部落里的十岁以上的所有男人，但有一个十四岁男孩却幸免于难。

当一个首领将矛刺向卧伏在草丛中的这个男孩的时候，被另一个头目制止住了，原因是这个大男孩看起来很愚钝，当矛刺向他的时候，他仍然傻乎乎地看热闹，也不知求饶，更不知反抗和逃跑。于是，这个男孩幸存下来，他与其他十岁以下的男童，被当做未来的奴隶留了下来。

但事实上，那个十四岁的男孩非但不傻，而且智慧超群，他的名字叫关山，在他二十九岁的时候，他率领本族人最终杀败了他的仇敌，报了血海深仇。当初若不是他装出很呆滞、很柔弱的样子，也早被杀死了。由此可见，在处境不利于自己生存和发展的时候，让自己不引人注意或者不使人关注就能保全自己的有生力量，以图东山再起，另谋大计。

《四十二章经》中说："人之随其情欲而追求华名，就像烧香时，众人虽闻其香，而香则仍然自熏自燃。"

佛教对人们不懈地追求没有任何实际价值的名声的行为，一向是贬斥的。日莲和尚曾说："被愚人所称赞乃是最大的耻辱。"

人们不懂得名声就是虚名，时常有人稍有名气就到处扬扬得意地自夸，喜欢被一些人奉承。

聪明人知道，名声没有实体，它仅仅是偶尔因人们的喧嚷与传播，成为人们谈论的话柄。

一个具有高深德行而又能淡泊明志的人，一定会受到那些热衷于名利的人的怀疑；一个言行谨慎处处检点的真君子，常常会遭到那些邪恶放纵肆无忌惮的人的嫉妒。所以当不幸处在这种既被猜疑而又遭忌恨的恶劣环境中，最好不要哗众取宠，而应凭借自己的才华和节操创造立世的根基。

战国时期，魏国国王向楚怀王赠送了一名美女。这名美女生得眉清目秀，可与春秋时的西施媲美。楚怀王自然对她非常倾心，并取名珍珠。真是捧在手上怕掉了，含在口中怕化了。二人整天形影不离。

楚怀王原本有一名爱妾，名叫郑袖。珍珠未来之前，怀王整天与她在一起，而今来了一个珍珠，怀王对她渐渐疏远了。郑袖对怀王的移情别恋十分恼火，同时对珍珠嫉妒得几乎发狂。但是，郑袖没有大吵大闹，她知道那样做会对自己不利，所以表面上，郑袖对珍珠百般疼爱，视为自己的亲妹妹，稍有空就跟她聊天，以此向怀王表示，她对珍珠也十分爱惜。

有一天，郑袖偷偷地对珍珠说："大王对你很满意，也非常宠爱你，不过，对你的鼻子他好像有点看不惯，大王曾在我面前说了几次，因此以后

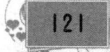

你在大王面前，一定要将自己的鼻子捂住。"珍珠压根儿不知道，这竟是郑袖设的圈套。从此她在怀王面前，总是一只手捂住鼻子，并做出不情愿状。怀王莫名其妙，便来询问郑袖。开始郑袖故意装出一副迟疑的样子，欲言又止。"别害怕，有什么就说出来嘛！"怀王说道。"她在我面前说大王有体臭，并说特难闻。因此她就捂住自己的鼻子了。"

楚怀王脾气十分暴躁，他听完郑袖的话，盛怒之下，将珍珠处以割鼻子的劓刑。郑袖又回到了怀王的怀抱。珍珠空负美女之名，不知道保护自己，最后的下场实在可悲。

以上讲的都是一些发人深省的例子，它告诫我们：不适宜或不识眉眼高低地出风头、争名誉、争地位有时是很危险的。

人生感悟

无论我们是身在职场上，还是商场上，有时老板和上司会将我们安排到不被人关注的地方，千万不要认为这是对自己的贬谪或惩罚，殊不知这恰好为我们提供了一个打造意志、养精蓄锐的契机，谁说这不是一种福分呢？

甘于卑微，自成尊贵

在人生的舞台上，每个人都希望获得掌声。但对那些身处卑微之境、从未走向人生前台的人，要想获得掌声实在是太难了！世界上有人为尊贵者献花，却没有人为卑微者喝彩。要想获得这些难能可贵的掌声，必须经历痛苦的排练，献上精彩的演出，方才能听到赞叹的掌声雷鸣般响起。所以做人绝不能甘于做一名欣赏别人演出的观众，而要力求做一名为观众所欣赏的演员！这样，你的人生才能走出卑微，走出泥泞，走出一路风采。

被公认为美国历史上最伟大总统的林肯，当选总统的那一刻，令整个参议院的议员都感到尴尬，因为林肯的父亲是鞋匠。

当时美国的参议员大部分出身贵族，自认为是上流、优越的人，从未料到要面对一个卑微的鞋匠儿子总统，于是，林肯首度在参议院演说之前，就有议员设计羞辱他。

在林肯站上演讲台的时候，有一位态度傲慢的参议员站起来说："林肯先生，在你开始演说之前，我希望你记住，你是一个鞋匠的儿子。"

所有议员都大笑起来，为自己虽然不能打败却能羞辱他而开怀不已。

林肯等到大家的笑声停止，他说："我非常感谢你使我想起我的父亲，他已经过世了，我一定会记住你的忠告，我永远是鞋匠的儿子，我知道我做总统永远无法像我的父亲做鞋匠那样好。"

参议院陷入一片静默里，林肯转头对那个傲慢的参议员说："就我所知，我父亲以前也为你的家人做过鞋子，如果你的鞋子不合脚，我可以帮你改正它，虽然我不是伟大的鞋匠，但是我从小跟随我父亲学会做鞋子的艺术。"

然后他对所有的参议员说："对参议院的任何人都一样，如果你们穿的那双鞋是我父亲做的，而它需要修理或改善，我一定尽可能帮忙，但是有一件事是可以确定的，我无法像他那么伟大，他的手艺是无人能比的。"说到这里，林肯流下了眼泪，所有嘲笑声全部都化成了赞叹的掌声。

人生就是一方舞台，你出身的贫寒永远不会成为你扮演出色主角的绊脚石，也许最初的演出没有掌声，相反地，批评、讪笑、毁谤的语言会像石头一样向你砸来，但是，只要我们能像林肯一样坚信自己职业的崇高，坚信任何行业都是值得被尊敬的，人没有贵贱之分，只有分工不同，更不要妄自菲薄，用自信、胆识与才华勇敢地把那些讥讽踩在脚下，创造自己事业的辉煌，那么，这反而会成为我们向上迈进的台阶。

事业中的亮点需要自己寻找，即使上苍给了你一片贫瘠的土地，只要有雨水、阳光，你就没有理由不长出拥抱蓝天苍劲的傲骨！即使你的前途被黑暗笼罩，只要前方还有一丝光亮，你就没有理由给自己一个借口，用沮丧浇灭为事业奋斗的火种。让我们也学一下林肯总统的胸怀吧！就这样相信人生在任何环境下都会青葱，无论面对什么样的观众，只要苦心排练，精心演出，就会有热烈的掌声响起来。

人生感悟

尊贵不会因曾经的卑微而丢脸或掉价，相反以卑微起身会给迟来的尊贵镀上一层更加耀眼的光芒。任何人都不必为卑微而羞惭和懊恼，重要的是能否潜心修炼，走出卑微。只有不甘于卑微者，才能有幸走上人生的前台，找到开启尊贵之门的金钥匙。

适当用一点"缓兵之计"

为了实现最终的目标，在敌我力量悬殊的时候，不必逞强，也不必硬拼，只需要用缓兵之计避开锋芒。蜷缩起身子，夹起尾巴倒退几步，同时寻找起身直腰时怎么行动，瞄着更远的地方，寻思怎么冲过去。

缓兵之计不只需要察言观色，耐心等待，更需要审时度势，采取不同的对策。

宋朝朱胜非当宰相时，苗傅和刘正彦发动叛乱，胁迫高宗答应隆太后垂帘听政。各路兵马闻讯齐奔京师勤王救驾。朱胜非为防苗傅、刘正彦二人狗急跳墙，威胁到皇帝的安全，便让皇帝答应封苗傅、刘正彦为淮南两路制置使，给他们统帅军队的权力，然后说服苗傅、刘正彦投降。

苗傅、刘正彦降后，朝廷希望他们快去赴任，苗傅、刘正彦的部属张逵却为他们谋划：要皇帝给他们立铁契为证，以防日后有变。退朝后，他们带着书信到朱胜非府上，要求办理此事。

朱胜非取笔写道："同意上奏赐给铁契，主事官员详查典章制度，依照先例办事。"苗傅、刘正彦二人看后，都非常高兴。

第二天临上朝时，苗傅的侍卫傅宿求见朱胜非说："昨天皇上批准要赐给苗傅、刘正彦二位将军以铁契，今天能举行赐契大典吗？"

朱胜非沉默了一会儿，忽然环顾左右诸官，问道："叫你们查找过去的做法，都查到了吗？"诸官回答说："没有先例可查。"又问："按照过去的方法制造铁契，你们知道怎么做了吗？"

回答说："不知道。"

朱胜非说："这样的话怎么给他们铁契呢？"官吏们都笑了，傅宿自知理亏，便解嘲地说："已经得到了。"随即告退。

此事妙在用"如果有先例就按先例赐给"的假设，把对方的问题置于一个失去立足点的位置，不拒绝他们而让他们自己放弃。

假如给一般迂腐之人处理此事，必会想出一番大道理来与他们辩论，这不但会激怒对方而危及自身，也会使对方志在必得，甚至狗急跳墙，以刀兵相逼，使局面无任何回旋的余地。

再讲一个现代社会中的例子。一个演员刚出道的时候，不被人看好，就到一个酒吧里请求唱歌。老板不屑一顾地说："你有这个身份吗？如果今天晚上你唱歌有五个人给你献花，我就请你。"

这对任何一个人都是奇耻大辱，但是这个演员忍住怒火说："我可以试一下。"然后他把自己的积蓄拿出来，自己买了二十张门票和十束鲜花，请一群朋友去为他鼓掌献花。

渐渐地，他的观众开始多了起来，有很多人开始自动去给他献花。到后来，他的朋友想自己买票看他的演出，都弄不到一张票了。

人生感悟

要登上台面，有时必须先把自己的真实想法放到一边，先满足别人的需求，然后曲折求进。如果一言不合便不再努力，就连一丝成功的机会也没有了。

弯下腰身更利于前行

味须减三分，路要让一步。

叔孙通是被秦始皇征召的文学博士。秦灭六国后，把六国的文化名人收罗到咸阳，组成了相当于现代最高决策人身边的智囊团。但这些人大多在秦始皇焚书坑儒时被消灭了，不知叔孙通是用什么办法逃过这一劫难的。

秦二世继位后，陈胜、吴广起义，二世召集当时只剩下30余人的博士们问："听说有人造反，真的吗？"

博士们早就想向皇帝提意见了，这时正好借题发挥，把天下的乱象说了一遍。唯有叔孙通说："没有的事，不过是些小毛贼。郡守正在捉拿，不足为患。"

二世听了很高兴。下令让法官追查那些说造反是实情的博士，对叔孙通反倒大大嘉奖。众博士走回馆舍，责问叔孙通："先生说话怎么能这样拍马屁呀？"

叔孙通说："诸位不明白，我是虎口逃生啊！"

他说完后，看见秦王朝没希望了，赶紧收拾行装溜之大吉。

叔孙通后来投奔汉王刘邦。刘邦向来看不起读书人，拿儒生帽子当便壶，见了读书人就骂。叔孙通最初连饭也吃不上，什么气都受。刘邦见叔孙通穿着一身儒生服装，一看就不顺眼。叔孙通见势不妙，马上回去换成楚人的短装，刘邦才高兴了。

叔孙通投靠汉王的时候，跟随他的弟子有100多人，但他谁也没有推举，只捡那些出身群盗的强壮之徒加以推荐，弟子们偷偷骂他："服侍先生几年，却不推荐我们，一味举荐那些大强盗，这是什么道理嘛？"叔孙通听到后对他们说："汉王现在冒死打天下，你们能打仗吗？现在还用不着我们读书人。你们耐性些，我不会忘记大家的。"

等刘邦建立汉朝后，大臣们议事时没有秩序，没有规矩，乱七八糟，喝醉了酒就乱喊乱叫，有的甚至拔出剑来砍柱子。刘邦为此很担忧。

叔孙通知道时机到了，就去见刘邦，建议他制定礼法。汉高祖斥责他："我的天下是马上得来的，你们读书人算什么？去你的！"

叔孙通委婉地说："陛下天下可以马上得之，但不可以马上治之。"

刘邦一听这话有道理，就问他该怎么办？叔孙通于是向他提出制订上朝礼仪的计划。叔孙通用了几个月的时间，把他所规划的"朝班"礼制都演习好后，请汉高祖出来坐朝。

天还没有大亮，朝拜皇帝的仪式就正式开始了。准备上朝的文武百官按照官职大小，在宫门外排队等候。宫门外悬排着五彩缤纷的旗帜。雄壮威武的卫士手执刀枪斧钺排列两边。传令官发出号令后，大臣们肃穆恭敬地顺序快步上殿，然后跪拜山呼："吾皇万岁万万岁！"

汉高祖见了这等气派、这等威严，十分高兴，情不自禁地说："我今天才知道做皇帝的尊贵！"也便知道了读书人的用处。高兴之下，他当即任命叔孙通为太常，赏赐黄金500两。追随叔孙通的那些儒生们也都一一受到了赏赐和提拔。

叔孙通为汉高祖建立的"朝班"制度，虽经历代沿革，但一直到清朝末年，实行了近2000年。从此，封建社会的政治体制思想一直受他的影响。像叔孙通这类知识分子的艰辛经历和非凡贡献，也只有遭遇比他更不幸的司马迁才能理解。

有人在读到这段历史的时候，或许会说："叔孙通顺着秦二世的心事拍马屁，这难道不是厚颜无耻的小人吗？"

这种话问得十分愚蠢，因为忽略了外部的环境。

朱云和张禹都是汉成帝的老师，当时正是王莽家族用权的时候，民间怨恨到了极点，各地的奏章报到中央，都被张禹压下来不给皇帝看。

朱云当着皇帝的面诘问张禹："下面那么多奏章你不让圣上看，像死人一样占着一块地方，只想保住自己的乌纱帽，什么都不干，使上下的意见、消息无法沟通，该杀！"

读书人处世真是太难了，跟着社会大潮流走吧，就违背了自身的普济天下的信仰；如果超凡脱俗，逆潮流而行，马上就会举步维艰，危机四伏，乃至这辈子没有饭吃，把自己给饿死。

如果我们一天到晚地讲求道德理想，可能连谋生的办法都没有了，连饭也吃不上；如果不顾一切求功名，为了当官发财连命都不要，那么理想道德也根本谈不上了。

在生存和理想发生冲突时，并不能一味地贪生怕死，舍生取义有时也是一种选择。但是如果相信自己生存下来还可以扭转局面，干出一番更大的事业，即使是苟且偷生也没有什么可耻，因为这比无所谓的死更有价值。

因此古代有些饱学之士，当道者给官也不做。为什么不愿做官？并不是仅仅因为清高，而是他自知一旦出来做官，就必然要对社会有所贡献。可是如果当时是黄钟毁弃、瓦釜雷鸣，自己出仕后不仅可能一无所为，甚至还有生命危险，又何必强出头呢？保存革命的本钱不是更重要吗？

叔孙通在观察到秦二世是个昏聩无能的家伙之后，决定明哲保身，退而求全，这是一种十分明智的选择。

因为他知道自己的价值，期待着能够在太平盛世好好做一番事业，因此才韬光养晦。在秦始皇时代，他没有办法，只好迁就环境。汉朝建立，他以最强的应变能力达到目的，最终成了一代儒学宗师。

人生感悟

真正成就大事业的人，有时挺拔如树，但挺拔中却带有柔韧，在受到重压时能够曲而不折。他们不完全同流合污，心中始终坚持一贯的理

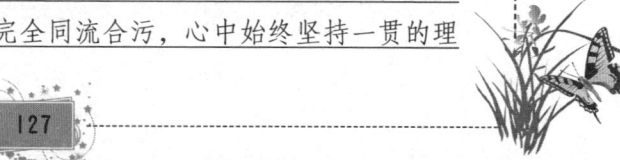

想。但是同时，在那样的乱世生存，不学一点随波逐流，就会显得与众不同。为了不吃亏，只好迁就世俗。所以，他们往往表现得大智若愚，看上去好像不会说话，畏畏缩缩的，但最终的目的是要实现自己的理想。

低头弯腰保护自己

风一吹便低俯的草，其实是饱经风霜、通过无数次考验的坚韧的草，人生何尝不是如此。低头弯腰，保护了自己，强硬只能夭折得更快。现实生活中，很多人都会碰到不尽如人意的事情。需要你暂时退却，这时候，你必须面对现实。要知道，敢于碰硬，不失为一种壮举。可是，胳膊拧不过大腿。硬要拿着鸡蛋去与石头碰，只能是无谓的牺牲。这个时候，就需要用另一种方法来迎接生活。这就是适时低头。

记得《史记》中记载着这么一个故事：

战国时代的范雎本是魏国人，他后来到了秦国。他向秦昭王献上远交近攻的策略，深为昭王所赏识，于是他升为宰相。但是他所推荐的郑安平与赵国作战失败。这件事使范雎意志消沉。按秦国的法律，只要被推荐的人出了纰漏，推荐人也要受到连坐的处分。但是秦昭王并没有问罪范雎，这使得他心情更加沉重。

有一次，秦昭王叹气道："现在内无良相，外无勇将，秦国的前途实在令人焦虑呀！"

秦昭王的意思原为刺激范雎，要他振作起来再为国家效力。可是范雎心中另有所想，感到十分恐惧，因而误会了秦王的意思。恰好这时有个叫蔡泽的辩士来拜访他。对他说："四季的变化是周而复始的，春天完成了滋生万物的任务后就让位给夏；夏天结束养育万物的责任后就让位给秋；秋天完成成熟的任务后，就让位给冬；冬天把万物收藏起来，又让位给春……这便是四季的循环法则。如今你的地位，在一人之下万人之上，日子一久，恐有不测，应该把它让给别人，才是明哲保身之道。"

范雎听后，大受启发，便立刻引退，并且推荐蔡泽继任宰相。这不仅保全了自己的富贵，而且也表现出他大度无私的精神风貌。

后来，蔡泽就宰相位，为秦国的强大作出了重要贡献。当他听到有人责难他后，也毫不犹豫地舍弃了宰相的宝座而做了范雎第二。由此可见聪明的智者都不会一味地贪图富贵安逸，在适当的时候，他们都会主动退出舞台，以保全自身。

　　在生活中历练过的人都能了解，谦虚往往被看成软弱。这种生活态度与其说是软弱，不如说是尝遍人世辛酸之后一种必然的成熟。那些昂然高论，不以为然的人，对这个问题，乃至人生的认识显然有限，因而表现出来的，只是一种无知的强劲，一种似强实弱的强。真正的智慧，属于谦逊的人。

　　俗话讲，退一步海阔天空。暂时退却，养精蓄锐，等待时机，重新筹划，这时再进便会更快、更好、更有力。有时候，不刻意追求反而更容易得到，追求得太迫切、太过于执著反而只能白白增添烦恼。以柔克刚，以退为进，这种曲线的生存方式，有时比直线的方式更有成效。

人生感悟

　　古人说："小不忍则乱大谋。"坚韧的忍耐精神是一人个性意志坚定的表现，学会忍耐、婉转和退却，可以获得无穷的益处，"低头做人"是一切真正的成功人士的"法宝"。

忍者无敌

　　据科学家考证，有一种生长在马达加斯加的竹子，一亩花期过后的种子可以高达50公斤，但开花结籽却要等100多年。竹子开花的时间因品种而不同，最短的也在15～20年，但这种品种的数量很少，大多数品种都在120～150年开花结籽一次。这种奇特的生理现象让生物学家百思不得其解。但研究出来的结果却是简单而理性的：为了它的种子不被吃掉。喜欢吃竹花竹籽的动物很少有活得过100年的。竹子为了一次开花结籽要等100多年，100多年的对一切的无动于衷。这种默默的忍耐造就了生命的完美，同时启示我们忍的重要。

　　"忍"是众多有志之士的人生哲学。古语有，男子汉大丈夫，能伸能屈。一个人如果千苦可吃，万难可赴，能忍住岁月的考验，那么即使不是英雄也会忍成英雄的。

20世纪80年代，加拿大前总理特鲁多在下野后向邓小平请教复出的"秘诀"，邓小平的答案是"忍耐和信仰"。正是凭着这个"秘诀"，他三次被打倒，三次复出，而且一次比一次获得更大成功，被西方人称为"打不倒的东方小个子"。

忍可以顶得住任何砖石的磨砺，可以经得起任何风雨的冲击。正是这个"忍"字，使一度被打倒的邓小平再度复出，也正是这个"忍"字，教会了加拿大那位前总理人生的秘诀，使他在下野以后又重新焕发了政治生机，重新获得了总理的宝座。

在一个强手如林的世界里，忍是一种韧性的战斗，是一种糊涂的做人策略，是战胜人生危难和险恶的有力武器。凡能忍者，必定志向远大。凡志向远大者，必定能够识大体、顾大局。而忍就是识大体、顾大局的表现。综观历史，能成非常之事的人都懂得忍的意义。

而在生活中，忍是医治磨难的良方。因为生活中的琐碎小事太多，一不小心就会招惹是非。所以，糊涂学提倡忍一时风平浪静；让三分海阔天空。因为，忍一时之疑，一方面是脱离被动的局面，同时也是一种意志、毅力的磨炼，为日后的发奋图强、励精图治、事业有成奠定了正常情况下所不能获得的基础。遇事三思而后行，把忍放在心头才是上策。

人生感悟

忍，是一种等待，为图大业等待时机成熟，忍之有道。这种忍，不是性格软弱，忍气吞声、含泪度日之举，而是高明人的一种谋略，是为人处世的上上之策。

生活有时需要无为的态度

无为与有为在《老子》一书中是很重要的，它直接地影响到我们做事的态度。所以对它关注的人很多。"有为"与"无为"是两个不同的概念。人的"有为"与"无为"是受其大脑所控制的。它们之间是可以相互转化的，你可以随意选择"有为"或"无为"。而实际上每个人都会认为自己在实际中的"有为"，是正确的。因为只有"有为"，才能建功立业。绝对地"无为"（不作为）是什么事情也做不成的。然而，有为、无为只是相对而言的。过度的作为，只会伤精劳神。

只有做到了"无为"，才有可能会大有作为。因为，只有在"无为"的时候，人的头脑才是最清醒的，不会受到任何条条框框的束缚，创造的过程中没有任何条条框框的束缚，创造者的创造力才能充分有效地发挥出来。

美国的一位前任总统吉米·卡特清醒地意识到自己肩负的责任重大，但又深感力不从心，被要事弄得晕头转向，苦不堪言。美国人民却根本不肯体谅这位总统的苦恼，反而认为这是无能的表现，以绝大多数的选票把这位可怜的总统吉米·卡特撵下了台。

卡特准确无误地意识到了国家面临的困难，可谓洞察力敏锐，"一眼中的"，但是他使百姓觉得惶恐不安，毫无安全感可言，结果被推下了台。

不能说卡特没有才能，也不可谓其不够聪慧，而终于落得如丧家犬被赶下台的可怜下场却正是因为他的积极有为，太过于积极了，敏锐的洞察力和有限的才能产生了矛盾，反而走向了失败。另一位美国总统里根却以无为代有为，深悉为职之道。可以说他似无所为，但并非毫无所为，有时，即使对所涉及的问题一无所知，却也能依然果断干练地进行处置，而越是如此，越令美国百姓感到他神秘，以为他的才能是不可测的，他的简明扼要反使美国人民感到信心百倍。多年的国内社会动荡和对外蒙耻受辱曾一度使美国人委靡不振，美国人经过这段经历后，开始重新振作。由此，这位无为的罗纳德·里根总统取得了美国人的信任，走完了自己的任期历程。

老子主张无为而为，无为即是有为，有为反而不如无为。无为要我们不将责任看成负担，亦不因获得而过分欣喜。"人法地，地法道，道法自然。"人既存在于这个社会、这个世界。

则必将担负起自己的责任。这是社会准则，是人类文明发展的必须，是我们所处的社会存在的必然。无论是社会还是国家赋予我们何种使命或任务，我们应坦然接受。以上美国两位前总统分别从正反两方面证明了无为的道理，卡特有为被人民一脚踢开，里根无为貌似糊里糊涂，却受信于民众，被万人敬仰。这也正是老子讲的无为而为的道理。

无为的人心中的目标、理智、智慧坚如磐石。只有心中无为，才会有所作为。无为要求我们以平静的心态正视生活中一切不如意的事。

人生感悟

无论是灾难或者是生活中小小的困难，这都是既成事实，这是无法改变的。"无为"的人不会怨天尤人，也不会自暴自弃，因为他知道自暴自弃将导致更大的失败。

小节隐忍才能大事精明

处理事情的时候，一味地强调细枝末节，以偏概全，就会抓不住要害问题去做工作，没有重点，头绪杂乱，不知道从哪里下手才是正确的。因此，无论是用人还是做事，都应该注重主流，不要因为一点小事而妨碍了事业的发展。须知金无足赤，人无完人，我们要用的是一个人的才能，不是他的过失，那为什么还总把眼光盯在那过失上呢？忍小节，就是不去纠缠小节、小问题，宽恕待人，用人之长。《劝忍百箴》中认为：顾全大局的人，不拘泥于区区小节；要做大事的人，不追究一些细碎小事；观赏大玉圭的人，不细考察它的小疵；得巨材的人，不为其上的蠹蚀而怏怏不乐。因为一点瑕疵就扔掉玉圭，就永远也得不到完美的；因为一点蠹蚀就扔掉木材，天下就没有完美的良材。

常记人善，不念旧恶。

一个几乎把自己射死，又曾经保护和追随自己政敌的人，你敢用吗？

春秋五霸之一的齐桓公则大胆地使用了这样一个与自己有"仇"，但确实能辅佐自己的——管仲。春秋战国时代，首先称霸的是齐桓公，而齐桓公称霸，全靠他的参谋管仲。

桓公名小白，原是齐国公子。管仲原本是小白之兄公子纠的师傅。齐国的君主僖公死后，各公子相互争夺王位，到最后剩下公子小白与公子纠争夺。管仲为了替公子纠争王位，还曾用箭射伤公子小白。争夺的结果是小白回到齐国继承了王位，即齐桓公。帮助公子纠争王位的鲁国在与齐国交战中大败，只得求和。桓公要求鲁国处死纠，并交出管仲。

消息一经传出后，大家都同情管仲，因为被遣送到敌方去无疑是要被折磨致死。有人建议说："管仲啊！与其厚着脸皮被送到敌方去，不如自己先自杀。"但是管仲只是一笑了之。他说："如果要杀我，当该和主君一起被杀，如今还找我去，就不会杀我。"就这样，管仲被押回齐国。

意外的是，桓公马上任用管仲为宰相，这连管仲自己都没有想到的事。

齐国统治山东半岛一带，从整个中国来看，只不过是东边的一个小国。如何使这个小国登上天下霸主的宝座，这是管仲日夜思索的问题。

他决心要先整顿"法制"，谋求中央集权的强国富民政策。人性本是趋利避害的，因而必须实行以法为基准、赏罚分明的政治，以达成严格的君主统治。而富足民生，拉拢人心更是成为明君之大道。此外，还需同时致力于远播威名于四海的工作。这些思想不光是小国思想，也是称霸天下的统治思想。

齐国与鲁国相邻，由于国界绵延相连，武力冲突不断。齐桓公五年，齐国打败鲁国，鲁国只得割让自己的一块土地求和。鲁王与将军曹沫一起前往齐国谈和。议谈中，曹沫突然站起来举起短剑抵在齐桓公胸前，以必死的眼光逼视着桓公说："我鲁国是个小国，如今由于大王的侵略，国土越发狭小，无论如何请齐王退回所夺去的土地。"

"我答应。"桓公只得听命。

"那么，就在这里订下归还土地的盟约吧！"

由于短剑抵在桓公胸前，谁也不敢插手，于是签订了归还土地的盟约。

桓公为了保命才归还土地，并非真的要归还，于是在鲁王离去后，立即向群臣说："盟约另行书写，绝不让出所占领地，原有盟约无效。"此时管仲劝谏桓公道："主君的心情我理解，但那样做必定因小失大。轻易破坏既定的法则，失信于诸侯，将会失去天下最重要的后盾，千万不要迷恋于这样小的土地。"

桓公立刻冷静下来，接受管仲的建议，收兵而返。这件事很快传到邻居近诸侯的耳朵里，大家传颂齐王的果断，更敬畏桓公的英勇，齐国的信誉大大提高了。

齐国北方的燕国受到异民族——山戎的攻打，因而求救于齐国。齐桓公出兵征讨山戎，燕王为了感谢，亲自把桓公送回齐国境内。这在当时是违反礼法的行为，因为越境送别只限于对待公子。桓公在自己与燕王之间挖了一道鸿沟，把燕王所到之齐地都给了燕国。

桓公赠给燕王一部分领土，小小的恩惠却得到很大的利益，诸侯听说桓公所为，均归顺齐国，齐桓公霸业乃成。

"一年之计，如植谷。十年之计，如植树。终身之计，如植人。"

"一分耕耘一分收获是为谷，一分耕耘十分收获是为树，一分耕耘百分收获是人才。"

这是管仲留给后世的著作《管子》中的一节。

桓公在位43年，管仲在桓公死后二年也去世了，这期间，管仲一直承担着重大的责任。

"你无须负起任何责任，你的理想通过我来实现，没有性命之忧就实现了理想。但是能为天下做点事，也是应该无悔了。"管仲临终时对最好的朋友鲍叔牙说。

"我感谢你所做的一切，因为你使我没有性命之忧就实现了理想！"鲍叔牙如此回答。

鲍叔牙不因为管仲贪小财而看不起他，知道他是一个有大才干的人，而齐桓公也是要用人治国，不计较他曾射了自己一箭的小仇。正是这样，管仲才发挥了他的才能，齐国也得到了有效的治理，成为强国。如果只是一味地考虑这个人的小毛病，那么这世界上哪有完人呢？用人就是要用他的大才干，不可纠缠于小过失，否则天下就没有真正的能人可用了。

人生感悟

要做大事，须统观全局，不可纠缠于小事之中。

怀才不遇更需等待

怀才不遇是经常的事情：一是由于自己的才华没有被人发现，所以也就不可能被使用；二是虽然胸怀大志，满腹文韬武略，但是生不逢时，像姜太公那样，不愿意把自己的聪明才智用在助纣为虐上，而要坚持与明主相顾，像鸟儿要择木而栖那样，审时度势，择主而事。

　　这样就要忍受一时的贫穷、困苦，忍受住自己的不得志，而不能为了眼前的功名利益而放弃自己的追求。真正有大志的人，即使是平生不得志，也会廉洁自守，刚正不阿，不会依附权贵，更不会与奸人同流合污。不怕失败，也不畏惧别人的嘲讽，矢志不渝地向着既定奋斗目标前进，就能忍受一切不公正的待遇，忍受别人无法忍受的精神折磨和肉体创伤，等待时机。

　　在时机不对、机遇不佳的时候，要沉住气，耐住性子，慢慢去寻找一个适于自己发展的环境，切不可操之过急。

　　王猛慧眼识君，他不是见一个君主便要委身，而是经过耐心的分析，选择一个适合自己的上司，这也是怀才不遇之忍的一个重要方面。

　　王猛本来是汉族知识分子，他出生在青州北海郡剧县，年幼时因战争动乱，他随父母逃到了魏郡。而苻坚是氐族在长安建立秦之后的一位君王。当时，汉族掌权的东晋依然存在，王猛为什么要投奔到氐族苻坚的手下去呢？

　　这是因为王猛对自己的人生道路作了极为认真的选择。他心里明白：一个人再有才能，如果没有一个聪明能干的上司，其才能是无法发挥出来的。而正确地选择自己的上司，本身就是一个人才能和智慧的体现。

　　王猛年轻时，曾经到过后赵的都城——邺城，这里的达官贵人没有一个瞧得起他，唯独有一个叫徐统的，见了他以后非常惊奇，认为他是一个了不起的人物。于是，徐统便召请他为功曹，可王猛不仅不答应徐统的召集，反而逃到西岳华山隐居起来。因为他认为自己的才能不应该干功曹之类的事，而应帮助一国的君王干大事，所以他暂时隐居山中，观察社会风云的变化，等候时机的到来。

　　公元351年，氐族的苻健在长安建立前秦王朝，力量日渐强大。公元354年，东晋的大将军桓温带兵北伐，一举击败了苻健的军队，把部队驻扎在灞上。王猛身穿麻短衣，径直到桓温的大堂求见。桓温请他谈谈对当时社会局势的看法。王猛在大庭广众之中，一边把手伸到衣襟里面去捉虱子，一边纵谈天下大事，滔滔不绝，旁若无人。

　　桓温见此情景，心中暗暗称奇。他问王猛说："我遵照皇帝的命令，率领10万精兵凭着正义来讨伐逆贼，为老百姓除害，可是，关中豪杰却没有人到我这里来效劳，这是什么缘故呢？"王猛直言不讳地回答："您不远千里来讨敌寇，长安城近在眼前，而您却不渡过灞水去把它拿下来，大家摸不透您的心思，所以不来。"桓温沉默了好久都没有回答，因为王猛的话正暗暗地击中了他的要害。他的心思实际上是：自己平定了关中，只得个虚名，而地盘却归于朝廷，与其消耗实力，为他人做嫁衣，还不如拥兵自重，为自己将来夺取朝廷大权保存力量。

桓温听了王猛的话，更加认识到面前这位穷书生非同凡响。过了好半天，他抬起头来，慢慢地说道："江东没有人能比得上你。"

后来，桓温退兵了，临行前，他送给王猛漂亮的车子和优等马匹，又授予王猛高级官职"都护"，请王猛一起南下。王猛到华山征求老师的意见后，拒绝了桓温的邀请，继续隐居华山。

王猛这次拜见桓温，本来是想出山显露才华，干一番事业的，但最后还是打消了这个念头。因为他考察桓温和分析东晋的形势之后，认为桓温不忠于朝廷，怀有篡权野心，未必能够成功，自己投奔到桓温的手下，很难有所作为。这是他第二次拒绝人的邀请和提拔。

桓温退走的第二年，前秦的苻健去世。继位的是中国历史上有名的暴君苻生。他昏庸残暴，杀人如麻。苻健的侄儿苻坚想除掉这个暴君，于是广招贤才，以壮大自己的实力。他听说王猛不错，就派当时的尚书吕婆楼去请王猛出山。

苻坚与王猛一见面就像知心的老朋友一样，他们谈论天下大事，双方意见不谋而合。苻坚觉得自己遇到王猛好像三国时刘备遇到了诸葛亮，王猛觉得眼前的苻坚才是值得自己一生效力的对象。于是，他十分乐意地留在苻坚的身边，积极为他出谋划策。

357年，苻坚一举消灭了暴君苻生，自己做了前秦的君主，而王猛成了中书侍郎，掌管国家机密，参与朝廷大事。王猛36岁时，因为才能突出，精明能干，一年之中，连升了5级，成了前秦的尚书左仆射辅国将军、司隶校尉，为苻坚治理天下出谋划策，干出了一番轰轰烈烈的大事业，成为中国封建社会杰出的政治家。

公元375年，王猛因病去世，终年51岁。苻坚这时才38岁，他为失去这位得力的助手十分痛心，经常悲伤流泪，不到半年头发都斑白了。

人生感悟

古人说："良禽择木而栖，贤臣择主而事。"历史上多少有才能的人由于投错了主人而遗恨终生。王猛同诸葛亮一样在动荡不安的形势下，正确选择了自己的道路，所以才有他事业的成功，才有他一生的辉煌。他忍住一般人急于求取功名富贵之心，认定了真正的人选，才投身仕途，这是他获得成功的重要经验。我们在日常工作中，也应该尽力去选择一个你认为合适的领导，这样你的事业才能顺利发展。

做人要圆融通达，善于藏巧于拙

唐初的重臣李绩，本是李密的部下，而在当初起兵时，李密与李渊父子势力之间，是勾心斗角的两部，只是李密后来被王世充打败，他才随故主投于李渊父子的麾下。

此时天下大势已趋明朗。

李绩懂得只有取得李渊父子的绝对信任才有前途，于是他安排了这样的行动：把他"东至于海，南至於江，西至汝州，北至魏郡"的所据郡县地理人口图派人送到关中，当着李渊的面献给李密，说既然李密已决心投降，那他所据有的土地人口就应随主人归降，由主人献出去，否则自献就是自为己功，以邀富贵而属"利主之败"的不道德行为。李渊在一旁听了，十分地感慨，认为李绩能如此尽忠故主，必是一个忠臣。李绩归唐后，很快得到了李渊的重用。但是李密降唐后心怀怨望，不久竟又反唐，事未成而"伏诛"。按理说，一般人到了这个时候，避嫌犹恐过晚，但李绩却公然上书，奏请由他去收葬李密——唯其"公然"，才更添他的"高风亮节"，假设偷偷摸摸，则可能会有相反的效果——"服衰经，与旧僚吏将士葬密于黎山之南，坟高七仞，释服散"。说起来，这纯粹是做给活人看的，李密已死，晓得什么。

表面看这似乎有碍于大唐天子的面子，是李绩的一种愚忠，实际李绩早已料到这一举动将收到以前献土地人口同样的神效。果然"朝野义之"，公推他是仁至义尽的君子。

从此李绩更得朝廷推重，恩及三世。李绩取的是一种"负负得正"的心理效应。迎合了人们一般不信任一个人当面的甜言蜜语而相信一个人与他人相处时表现出来的品质——即侧面观察的结果，看似直中之直，实则大有深意，是"藏巧于拙"处世而成功的典型。

人生感悟

做人要圆融通达，不要过于暴露锋芒，要善于潜藏，善于韬光养晦，只有能屈能伸者才能成就一番大业。潜藏不露才是人生的真正智慧。有德行的君子要做到不炫耀自己的聪明，不显示自己的才华，才能够有力量担任艰巨的任务。一个人再聪明也不要显露出来，即使非常明白也不宜过于表现，宁可用谦虚来收敛自己。志节很高也不要孤芳自赏，宁可随和一点；再有能力也不要过于激进，宁可以退为进，这才是真正安身立命、高枕无忧的处世法宝。

第六篇

合作才有竞争力

成功是善于与人合作的结果

公共关系是指某一组织为改善与社会公众的关系，促进公众对组织的认识、理解及支持，达到树立良好组织形象、促进商品销售目的等一系列公共活动。作为一门学科，公共关系学出现的时间并不长，然而公共关系的实践活动却自古就有。

在三国时期，曹操、孙权、刘备、诸葛亮等人都堪称是一流的公关专家，他们都因重视公共关系而得利，因忽视公共关系而失败。

赤壁大战之后，"柴桑口卧龙吊孝"就是诸葛亮一次成功的公关活动。

赤壁大战，曹操损失惨重，短期内构不成对孙刘联盟的威胁，于是刘孙两家的矛盾便突出表现在争夺荆州是诸葛亮与周瑜斗智比谋的过程。在谋略上略逊于诸葛亮的周瑜，几次争斗均未捞到便宜，加上自己气量狭小，过于争强好胜，被诸葛亮气得一连三次怒气填胸，箭疮迸发，最后留下一句"既生瑜何生亮"的感叹，就一命呜呼了。

把周瑜死因归到诸葛亮身上，孙刘联盟因此蒙上了一层阴影。诸葛亮知道，曹操虽兵败赤壁，实力并未动摇，孙刘两家中的任何一家，都不足以单独与之抗衡。刘备的蜀国要想保证生存并向益州拓展，就要继续维持与东吴的联盟关系。一旦联盟破裂，孙刘两家就会被曹操各个击破。因此，为了大局着想，诸葛亮只好冒着生命危险，带着赵云亲赴柴桑口为周瑜吊孝，以缓和两家的矛盾。

到了柴桑口，诸葛亮设祭物于周瑜灵前，亲自奠酒。跪在地上读了一篇令人撕心裂肺的祭文。祭毕，伏地大哭，泪如泉涌，哀痛不已。东吴诸将颇受感动，相互谈论说："人道公瑾与孔明不睦，今观其祭奠之情，人皆虚言也"这一祭，消除了双方的对立情绪，使摇摇欲坠的联盟得到了巩固。

相反，关羽就不注重公共关系。

当初，曹操利用孙权想索回荆州的心理，致书孙权，相约"共取荆州，平分疆土，誓不相侵"。孙权对此犹豫不决。于是，诸葛瑾出谋说："某闻云长自到荆州，刘备娶与妻室，先生一子，次生一女。其女尚幼，未许人。某愿往与主公世子求婚。若云长肯许，即与云长计议共破曹操；若云长不肯，然后助操取荆州。"孙权与刘备毕竟有了多年的合作基础，在选择同盟者时还是大多倾向于刘备，因此便采纳了诸葛瑾的建议。对于关羽来说，这是一次消除隔阂稳定联盟的极好机会，可是他却没有诸葛亮那样的公关头脑。

诸葛瑾见到关羽，刚说明来意，不想关羽勃然大怒："吾虎女安肯嫁犬子乎？不看汝弟之面，立斩汝首！再休多言！"弄得诸葛瑾十分狼狈。就这几句话，无意中便把孙权推向了曹操一边。致使自己两面受敌，最终失去荆州。

诸葛亮重视公关工作，使行将破裂的联盟得以维持；关羽忽视公关工作，使本可更加紧密的联盟走向分裂。两种做法，两样结果。

事实正是如此，那些善于合作、具有合作精神的人往往更容易获得成功的机会。合作是一种力量，不管什么时候都会用到。特别是在现代生活里，竞争越来越激烈，你更不可能完全凭靠自己的力量来完成某项事业，没有人能独自成功。相反，如果你懂得团结协作，充分利用与人合作的力量，那么做起事情来就会容易得多，也会更容易成功。

曾有一位农民，听说某地培育出了一种新型的玉米，收成很好，于是他千方百计地买来了一些种子。后来，他的邻居们听说后也纷纷来找他，向他询问种子的有关情况和出售种子的地方。这位农民害怕大家都种这样的种子会使自己失去竞争优势，于是便拒绝了他们的问题。邻居们没有办法，只好继续种原来的种子。谁知，收获的时候，这个农民的玉米并没有取得丰收，跟邻居家的玉米相比，也强不到哪里去。为了寻找原因，农民去请教一位专家。经专家分析，玉米之所以减产，主要原因就在于他的优种玉米接受了邻人劣等玉米的花粉。

农民之所以事与愿违，就是因为他不懂得这样一个简单的生活道理：给予总是相互的。我们都不是孤立地存在于社会之中的，我们都需要给予和接受。当付出了同情和友善，你也必将会收获同情与友善。善待别人其实就是善待自己，帮助别人也就是帮助了自己。

那么，如何才能与别人取得良好的合作关系呢？

首先要学会欣赏别人，愉快地接纳别人。一方面，合作的目的就是扬长避短，学会欣赏别人，才会发现别人的长处，找到合作的伙伴；另一方面，人都是喜欢被赞扬、被欣赏的，你会欣赏别人，别人才会对你有好感，才会互相接纳，与你合作。

其次要学会理解和谅解别人。合作过程中难免发生分歧或误会，很多合作者便中途分道扬镳，几乎皆缘于此。因此，当与别人发生矛盾，意见有了分歧时，一方面要学会站到对方的位置上想想；另一方面，要从各个方面权衡利弊，缩小分歧，消除误会，在求同存异中继续密切合作。

再者要学会与人分享。俗话说"挣钱容易分钱难"。创业时目标一致，往往会齐心协力。一旦事业有成，利益分配时，就会各想各的事，造成意见和分歧。所以，一个人要想最终获得成功，还必须学会与人分享你的成功。否则，你将会众叛亲离。

人生感悟

每个人都有自己的长处，同时也有自己的不足，这就要与人合作，用他人之长补自己之短。养成良好的合作习惯，才会更好地完善自己，发展自己。

学会借势

在蒲松龄《狼》一文中，有这么一段内容：才欲行，转视积薪后，一狼洞其中，意将隧入以攻其后也。身已半入，止露尻尾。屠自后断其股，亦毙之。乃悟前狼假寐，盖以诱敌。表现出狼的狡猾，表现出狼的借势。

狼的这种借势，在人类中也时有应用。

在这方面，我国古代"商圣"范蠡堪称鼻祖。

范蠡是战国时期的名臣、名商，他在刚开始做生意时，由于本小利微，一直难以做大。后来运用借势经营法，很快致富，成为远近闻名的大富豪。一日范蠡获悉吴越一带需要好马。凭着对市场的了解，他知道，在北方收购马匹并不难，马匹在吴越卖掉也不难，而且肯定能赚到一大笔钱。问题就是把马匹运到吴越却是真的很难，千里迢迢，人马住宿费先不说，最大的问题是当时还处于兵荒马乱时期，沿途强盗很多，怎么办？他通过市场了解到当地有一个很有势力、经常贩运麻布去吴越的巨商姜子盾，姜子盾因常年贩运生意早已用金银收买了沿途强盗，于是他把主意打在姜子盾的身上。

这一天，范蠡写了一张榜文：张贴在城门口。其意是：范蠡新组建了一个马队，开业酬宾，可免费帮人向吴越运送货物。不出所料，姜子盾主动找到范蠡，求运麻布。范蠡满口答应。就这样，范蠡与姜子盾一路同行，货物连同马匹都安全到达吴越，马匹在吴越很快卖出，范蠡因善于借势而抓住商机大赚了一笔。

而在处世方面，三国时期的刘备与诸葛亮就运用借势，使自己立足于蜀中。

刘备集团自荆入蜀后，诸葛亮开始进一步发挥其首辅的重要作用。

诸葛亮在协助刘备夺取益州之后，做的第一件事就是马上着手组建新的政权。但是，刘备集团在入蜀前，无论文官还是武将数量都不多，而且素质高者也寥寥无几，治理和保卫荆州已尚属勉强。亏得一大批荆楚旧臣名士投到刘备阵营方弥补了干部的不足。但是攻下益州后，刘备统辖的地盘、人口一下子翻了好几倍，政治领导干部与军事将领都显得严重不足，因而诸葛亮大量的工作乃是为刘备在益州建立政权网罗人才，协调处理好这个不断膨胀、人员结构非常复杂的集团内部政治人际关系。

诸葛亮除了帮助刘备制定科学的人才使用战略外，还亲自仔细地做了许多个别人物的工作，有效地缓解了新、旧成员间的矛盾。诸如刘巴就是一个很令人头疼的人物。此人始终不买刘备的账，是刘表时代的江夏太守，荡寇将军刘祥的儿子。刘表与刘祥不睦，刘祥死后，刘表想杀掉刘巴，便买通刘祥的旧部去串通刘巴逃亡，以获得其叛逃的罪名好杀掉他，但是这位"策反"者一连去了三次，刘巴却看透机关，不肯上这个圈套，因而刘表便没有理由杀刘巴。这时刘巴才18岁，其机智若此。

正由于和刘表的新仇旧恨，使他"恨屋及乌"，所以后来刘备在荆州，他反去投曹操，又到荆州来为曹操策反。诸葛亮劝他归顺刘备，亲笔给他写了一封信："刘公雄才盖世，据有荆土，莫不归德，无人去就，已可知矣。足下欲何之？"刘巴接到信后，仍旧不买账，偏偏绕道跑到益州投奔了刘璋，并一直是反对刘备入蜀的强硬派，对此，刘备也恨他恨得要死。可是在诸葛亮的一再说服推荐下，刘备改变了看法，因而在进入成都时才有那道"有害刘巴者诛三族"的死令。刘巴终于被感动，主动到刘备府中谢罪，刘备心中十分高兴。在诸葛亮的一再推荐下，刘备任命刘巴为自己的西曹掾，管理左将军府的人事任免，相当于刘备府中的组织部长。这对刘巴来讲是相当宠信的了。

刘巴虽然心气高傲，但是怎么也不好有违于刘备、诸葛亮的看重。在刘备政权中发挥了重要作用，出了不少的好主意。后来代替法正做了尚书令，刘备的所有文书简册，几乎都由刘巴来制作。史家评论刘巴"躬履清俭，不治产业，又自以归附非素，惧见猜疑，恭默守静，退无私交，非公事不言"，看来刘巴确实是一位大事不糊涂的好官。

诸葛亮不但调解了大量的人际关系，就是自己也十分注意处理好与新加入刘备阵营的高层人才的关系。刘备入蜀以后公布了新的人事任命，史称"诸葛亮为股肱；法正为谋主；关羽、张飞、马超为爪牙；许靖、糜竺、简雍、孙乾、伊籍为宾友"，由此可见法正的位置仅次于诸葛亮，取代了庞统生前的位置。

法正被刘备任命为蜀郡太守后，有冤报冤，有仇报仇，"睚眦之怨，一餐之惠，无不报复"，显得很没有心胸，就是以前有人瞪他一眼或赏赐一顿饭都视为必报之恩仇，引起人们很大的反感。因而，有人对诸葛亮说："法正在蜀郡太纵横，将军应该对主公说一说。"诸葛亮则耐心地做反对法正者的工作："主公在公安时，北畏曹操之强，东惮孙权之逼，内虑孙夫人兴变于肘腋之下。孝直（法正字）为辅翼后，遂得翻飞翱翔，不可复制。如今刚刚入蜀，怎么好阻止法正按他的意志行事呢？"在处理与法正的关系上，不仅体现了诸葛亮的政治眼光，也反映了他见贤不忌，能够任用能人的高贵个人品质。很显然，诸葛亮在处理方方面面关系上是为刘备作出了很大贡献的。

正是由于诸葛亮在刘备入蜀时，能贯彻"团结一切可以团结的力量"的干部路线，兼容并积蓄了大量人才，整合了方方面面的力量，建立起团结、和谐、统一的高层领导集团，使蜀中新政权有了可靠的组织保证，在后来不断发生的事件和变乱中，才能够使新政权仍旧稳如泰山，这应该说是诸葛亮辅佐刘备初治蜀中最大的功绩。

《兵经百篇》中云："艰于力则借敌之力，难于诛则借敌之刃，乏于财则借敌之财，缺于物则借敌之物。"

生命能否借势，就要看如何借势，借势的目的是什么，这完全依靠人的敏锐和人的智慧。因为只有敏锐和智慧，才能清晰地知道自我的需求，才能按照生命的需求去寻求最有效的能够激发生命的力量，才能够扩展生命力量的源泉，否则不但对生命成长不利，而且对生命成长会造成阻碍。因此敏锐借势，获得成功将如有神助。

人生感悟

要想学会强者处世之道，真正得到成长，就要学会借势。

以最小的代价换取最大的收获

狼绝对是实用主义哲学的鼻祖，因为狼坚定地奉行"用最小的代价换取最大的收获"这个处世之道。

事实上，狼是最谨慎的动物，它们永远执行"小心驶得万年船"的生存智慧。无谓的冒险和牺牲对于狼来说是最大的耻辱。

从这一点说，狼也堪比狐狸的狡猾与精明。

当然，人以智慧而著称，自然不难学到狼这一处世哲学。

同样，钢铁大王卡内基在与对手布尔门先生的交往中，只付出极小的代价就收获了大量财富。

美国钢铁大王卡内基年幼时，随父母从英国来到美国定居，由于家境贫寒，没有读书学习的机会，13岁就当了学徒。

卡内基10岁时，无意中得到一只母兔子。不久，母兔子生下一窝小兔。由于家境贫寒，卡内基买不起饲料喂养这窝小兔子。于是，他想了一个办法：他请邻居小朋友来参观他的兔子，小朋友们一下子喜欢上了这些可爱的小东西。于是，卡内基宣布，只要他们肯拿饲料来喂养小兔子，他将用小朋友的名字为这些小兔子命名。小朋友出于对小动物的喜爱，都愿意提供饲料，使这窝兔子成长得很好。这件事给了卡内基一个有益的启示：人们对自己的名字非常注意和爱护。

卡内基长大成人后，通过自身努力，从小职员干起，步步发展，成为了一家钢铁公司的老板。有一次他为了竞标太平洋铁路公司的卧车合约，与竞争对手布尔门铁路公司铆上了劲。双方为了得标，不断削价火拼，已到了无利可图的地步。

有一天，卡内基到太平洋铁路公司商谈投标的事，在纽约一家旅馆门口遇上布尔门先生，"仇人"相见，按一般情况，应该"分外眼红"，但卡内基却主动上前向布尔门打招呼，并说："我们两家公司这样做，不是在互

第六篇 ◆ 合作才有竞争力

145

挖墙脚吗?"

接着,卡内基向布尔门说,恶性竞争对谁都没好处,并提出彼此尽释前嫌、携手合作的建议。布尔门见卡内基一番诚意,觉得有道理,但他却不同意与卡内基合作。

卡内基反复询问布尔门不肯合作的原因,布尔门沉默了半天,说:"如果我们合作的话,新公司的名称叫什么?"

卡内基一下明白了布尔门的意图。他想起自己少年时养兔子的事:谦让一点可以把一窝兔子养大。于是,卡内基果断地回答:"当然用'布尔门卧车公司'啦!"卡内基的回答使布尔门有点不敢相信,卡内基又重复一遍,卡尔门这才确信无疑。这样,两人很快就达成了合作协议,取得了太平洋铁路卧车的生意合约,布尔门和卡内基在这项业务中,都大赚了一笔。

还有一次,卡内基在宾夕法尼亚州匹兹堡盖起一家钢铁厂,是专门生产铁轨的。当时,美国宾夕法尼亚铁路公司是铁轨的大买主,该公司的董事长名叫汤姆生。卡内基为了稳住这个大买主,同样采取"成人之法名",把这家新盖的钢铁厂取名为"汤姆生钢铁厂"。果然,这位董事长非常高兴,卡内基也顺利地取得了他稳定、持续的大订单,他的事业也从此发展起来了,并最终成为赫赫有名的"钢铁大王"。

人生感悟

暂时放下自己的面子,满足别人的一点点虚荣,这样的小代价便能为自己带来莫大的好处。这是处世的智慧所在。

责任明确,各负其责

远在人类出现社会分工之前,狼群在捕猎的过程中,就已经自觉地实施了明确的分工,成为我们效仿的榜样。

狼群在对猎物的捕杀过程中,分工的明确程度是超出我们想象的。有些大狼负责侦察,掌握猎物出没的规律;有些大狼负责联络,把几个家族的狼群都调遣到攻击的最佳位置;有些大狼负责警戒,以便发现不利情况,早做对策;有些大狼担任总攻,专门攻击猎物的中坚力量;有些大狼担任断后，保护狼群迅速撤离战场……

狼王、头狼、大狼无疑是狼群中的核心，它们指挥若定，担负着各部门的领导责任，率领自己的狼群参与作战，完成了一次次漂亮的攻杀。

如果缺乏分工，狼群就不可能实施大规模的捕猎活动，不可能一次捕获到几十、几百只的黄羊、马匹，也不可能在恶劣的生存环境中艰难地繁衍下去。与此相类似，如果人类不实施社会分工，那么每个人都必将为衣食所困，无数的发明家、文学家、哲学家都将无法出现，人类的文明和进步就根本无从谈起。

在企业内部，实施明确的分工，就能使每一个员工都明白无误地了解自己所负的责任。在几乎所有的商业活动中，都离不了三种工作，那就是采购、销售和财务。只有采购员把价廉物美的原材料采购来，销售员把公司的产品最大限度地推销出去，财务人员把公司的账目管理得清清楚楚，公司才会有健康发展的强大动力。

"沃尔玛"是美国最大的百货连锁店，它的老板罗伯森·沃尔顿在2001年的全球大富豪排行榜上，首次超过了比尔·盖茨，以453亿英镑的家产成为世界首富。

沃尔顿对员工的管理十分严格，他制定了完善的规章制度，要求所有员工都必须尽职尽责地完成自己分内的工作。

他所有的连锁店都实行着一条被称为"太阳下山"的工作原则，其具体要求是当天的事情必须要在太阳下山之前完成。只要顾客提出了某项要求，每一个员工都必须在太阳下山之前给予令顾客满意的答复。

这条原则被表述为分工负责、按时完成本职工作。"沃尔玛"的生意之所以兴旺发达，就是因为它的每一个员工都身体力行地做到了这一点。

夜半时分，商店已经关了门，但只要有顾客打来电话求购某件商品，员工必定立刻驾车出发，把商品送到顾客的手中。

沃尔顿还独树一帜地提出了"十英尺态度"的要求，他要求他的每一个员工，当顾客走到距自己十英尺的范围时，必须注视着顾客的眼睛，主动询问顾客需要哪方面的帮助。

"十英尺态度"的贯彻执行，使每一个顾客都在"沃尔玛"店里感受到了春风般的温暖，享受到了体贴入微的周到服务。

常去"沃尔玛"连锁店的顾客还发现一个有趣的现象，就是店里的员工经常会狂热地大声喊叫："谁是第一？顾客！"

这同样是沃尔顿对员工提出的一项具体要求。要求员工们齐声大喊，不仅是为了让"顾客至上、分工负责"的观念更深入人心，同时也是为了使员工在紧张工作的过程中，能有一个放松自己的时刻，使自己的精神振奋起来。

就这样，每个员工都在自己的岗位上，切实负起自己的责任来。"沃尔玛"连锁店的生意一派兴旺，沃尔顿的财富也随之逐日增多。

恒基伟业公司是我国一家很有规模的高科技公司，其拳头产品"商务通"投入市场后，获得了非凡的销售业绩。公司的知名度空前提高，规模迅速扩大，在市场竞争中迅速崛起。

公司的发展之所以如此迅速，与公司汇集了一大批专业人才息息相关。在工作中，这些人才各自承担着不同的职责，互相配合，互相支持，凝聚成一体。"众人拾柴火焰高"，集中了大家的智慧和力量，公司就获得了坚强的助推力，高速度地起航了。

董事长张征宇是个博士，具有极其先进的技术思路，高瞻远瞩，独辟蹊径，带领公司很快闯出了一条新路；常务副总裁孙陶然对策划业务十分精通，"商务通"之所以会在很短的时间内就取得非凡的销售业绩，与他的精心部署、巧妙构思是分不开的；范坤芳和赵明明是专管销售的两个副总经理，一样的出类拔萃，曾经有过主持同类产品开拓市场的优良纪录，他们大显身手，给"商务通"插上了一翔的翅膀，纵横市场，无敌天下。

在"商务通"定型之前，他们对屏幕的大小、手写笔的长度、字体的精度、硬翻页码的使用、自动查询功能、候选区保留等诸多项目都进行了大量的统计分析和实际操作。

为使更多的人都能方便地应用，他们还别出心裁地请来一些从没使用过电脑、甚至连字都不大会写的人来试用，然后再根据试用结果进行多次精心修改，使产品尽量达到完美的程度。正是由于这个原因，"商务通"才能迅速地占领市场，受到了各个阶层人们的普遍欢迎。

"商务通"研制成功后，他们并不急于把它推入市场，而是耐心地等待机会。在他们之前，第一个推出VCD的厂家反而陷入困境，受制于人，这给了他们深刻的启示。过了几个月，当他们认定手机市场的巨额增长为"商务通"提供了难得的机遇时，才果断地把产品推了出去。果然一炮打响，短短两个月，就红遍了中华大地，销售业绩十分喜人。

与此同时，他们还对代理商的选择制定了相当严格的标准。代理商必须向他们提供令人满意的营销方案，才有资格去销售他们的产品。

所有这一系列工作，都是在公司全体员工各负其责的情况下，高质量地完成的。公司中没有一个闲人，所有的职员都是能独当一面、独立完成某一方面工作的高手，他们如此完美地组合在一起，八仙过海各显神通，把产品开发、公司运营、市场销售的各个环节都考虑得滴水不漏，安排得有条不紊，才做到了一战成功，在最佳的时机，用最短的时间，以最好的技术和产品，并且神速地占领了市场。

能做到责任明确、各负其责，是十分重要的，在这方面，企业的领导必须起到良好的带头作用。只有领导做到了责任明确，才能使下属切实负起自己的责任，把分内的工作干好。

玫琳·凯是美国玫琳·凯化妆品公司的创办人和董事长，她有一个很好的习惯，总要在下班前整理好自己的办公桌，并把当天应该完成、而事实上却没有做完的工作带回家去完成。她的下属们也都养成了这一习惯，尽管她并没有要求他们这样去做。

在职场中打拼的人更要学习狼群的生存智慧和处世哲学，从领导到员工，只有每个人都明确了自己的责任，切实负起了自己的责任，并互相影响，经营业绩才会不断提高，企业才会得到飞速的发展。

人生感悟

一个团队只有责任明确，各负其责、各司其职，通力合作，才能向同一个目标前进。

消耗个体能量，保存团队实力

在广阔的草原上，一场大雪过后，大地白茫茫一片。这时，许多动物都已进入了冬眠期。可是，狼却必须寻找食物。狼群很少储存食物，而在这样的环境中寻找食物是非常困难的。狼群必须保存它们的体力，因为在一两天的奔波之后，它们往往还是一无所获。如果不尽量保存自己的体力，那么连续的劳累再加上饥饿和严寒的折磨，它们很可能丢掉性命。

聪明的狼群在这时采取单列行进的办法，一只接一只，这样它们就能保证狼群消耗最少的体力。跑在最前面的狼体力消耗非常大，它必须在厚厚的雪地上走出第一行脚印，这样后面的狼就能节省许多体力。但领头的狼跑不了多久就会疲惫，那时就自动退到队伍的最后面，休息一下，养精蓄锐，以便恢复体力，继续担任领头工作。

狼知道，在与对手进行较量时，必须依靠群体的力量才能取胜，单枪匹马地去干只会落个惨败的下场。因此，在遭遇危险或磨难时，它们懂得适当而均衡地消耗个体实力，尽量保存整体的力量，以对付敌人。

狼这种"消耗个体体能，保存团队实力"的做法，是顾全大局的突出表现。所谓顾全大局，就是在整体利益即将受到侵害时，个体敢于挺身而出，甘愿牺牲自己的利益，以维护整体利益。

在漫长的人生路上，我们会遇到无数次选择的机会，比如选择专业、职业、配偶、项目等。在这些选择中，其实都有一个眼前利益和长远利益的权衡问题。有些项目可能见效快一些，但是长期效益却会差一些，有些则恰恰相反。这时候，你该如何选择？

如果眼前的利益的获得，对我们长远的人生目标的完成有益无害，那我们自然要将其争取到手。

而且，这样的利益再多也无妨。因为你暂时的胜利，会使你的精神得到一种激励，你可能一鼓作气，很快就达到了你的长远人生目标。这种结局当然是再好不过的了。

但是，如果眼前利益的获得，对我们长远的人生目标完成有害无益，我们就要当机立断，放弃眼前的利益，而以长远的人生目标为追求和努力的对象。俗话说，有得必有失。现在你"丢弃"了几个棋子，却获得了最后的胜利。这种结局我们当然可以接受，同时这也是一种最理性、最符合人性的胜利。

下围棋，不能计较一城一池的得失；而我们的人生，需要多考虑长远目标，正所谓"风物长宜放眼量"。

联想集团的20多名员工"卖苦力"挣到70万元人民币和7万美元。柳传志在年终"分红"会议上不主张分掉这些钱，在他权衡眼前利益和长远利益之后做出了英明的决定。如果分掉这笔钱，从短期看是获得了一点利益，但实际上相当于葬送了联想的未来。所以，柳传志毅然做出了将这笔钱作为联想活动资金的决定。

正因为做出了这样的决定，联想集团才得以发展壮大，并在商海中牢牢地站稳了脚跟。否则，商业风云录上可能看不到"联想"这个名字了。

柳传志的做法顾全了大局，顾全大局才能使一个企业或公司获得长远发展。

喜欢围棋这种中国古老艺术的人都知道，这种游戏最忌讳的就是缺乏大局观，计较一城一池的得失。然而，真正下围棋的时候，一些顶尖高手也难免会犯这样的错误。因为当眼前的利益和长远的利益发生冲突的时候，他们常常不能决定是该放弃眼前的利益，毅然弃掉若干个已经属于你的棋子，还是追求稳妥，先得到眼前的利益再说。这时需要认真思考，再三权衡，因为有可能"一着不慎，满盘皆输"。

在这种情形下，你到底是个顶尖高手、普通选手，还是一名爱出"俗手"的业余选手、光出恶手的"臭手"，真正面目都将显露出来。

一般来说，"臭手"不加考虑就会选择眼前利益；至于长远利益，可能想都不想。因为他们认为：隔手的金子不如到手的铜。这时业余选手会想一想，到底该选择哪一个，但限于个人眼力，再想也无济于事，最终还是选择了眼前利益。

普通选手不但会想一想，而且会看出长远利益的所在，但最后还是会选择眼前利益，因为他虽然看到了长远利益，但认为它是可望而不可即的，还是放弃了。顶尖高手则不同，他不但有独到的眼力，看到长远利益，而且有能力将长远的利益争取到手。

人生感悟

在处世中也同下围棋一样，团队利益永远被认为是长远利益，为了长远打算暂时放弃个人眼前的利益，而维护团队利益是明智而长远的选择。

雪中送炭胜过锦上添花

每个人活在这个世上，都不可能不有求于人，也不可能没有助人之时。但是，怎样帮才帮得更有意义呢？请记住一条规则：救人一定要救急。

有成功，就有失败；有得意者，就有落魄者。或许你昨天还是成功的典范，是一个意气风发、春风得意的人；到了今天，你就可能由于某种原因而一贫如洗，变成一个普普通通的人，甚至还不如落魄者……在商品社会，这种现象并不罕见。道理很简单，如果他人有求于你了，这说明他正等待着有人来相助，如果你已经应允了，那就必须及时相助。如果他人没有应急之事，也不会向你求助，因为一般人都不愿求人。所以，在别人困难的时候拉别人一把是不会被忘记的。

在三国争霸之前，周瑜并不得意。他曾在军阀袁术部下为官，做过一回小小的居巢长，一个小县的县令罢了。

这时候，地方上发生了饥荒，年成既坏，又兵荒马乱，粮食问题就日渐严峻起来。居巢的百姓没有粮食吃，就吃树皮、草根，很多人被活活饿死，军队也饿得失去了战斗力。周瑜作为地方的父母官，看到这悲惨情形，急得心慌意乱，却不知如何是好。

有人给他献计，说附近有个乐善好施的财主叫鲁肃，他家素来富裕，想必一定囤积了不少粮食，不如去向他借。于是，周瑜便带上人马登门拜访鲁肃。寒暄完毕，周瑜就开门见山地说："不瞒老兄，小弟此次造访，是想借点粮食。"鲁肃一看周瑜丰神俊朗，显而易见是个才子，日后必成大器，顿时产生了爱才之心。他根本不在乎周瑜现在只是个小小的居巢长，哈哈大笑说："此乃区区小事，我答应就是。"

于是，鲁肃亲自带着周瑜去查看粮仓。这时鲁家存有两仓粮食，各三千斛，鲁肃痛快地说："也别提什么借不借的，我把其中一仓送与你好了。"周瑜及其手下一听他如此慷慨大方，都愣住了。要知道，在如此饥荒之年，粮食就是生命啊！周瑜被鲁肃的言行深深感动了，两人当下就交上了朋友。

后来，周瑜发达了，真的像鲁肃想的那样当上了将军。他牢记鲁肃的恩德，将他推荐给了孙权，鲁肃终于得到了干事业的机会。

鲁肃在周瑜最需要粮食的时候送给了他一仓，这就是所谓的雪中送炭。

"患难之交才是真朋友"，这话大家都不陌生。人的一生不可能总是一帆风顺，难免会碰到失利受挫或面临困境的情况，这时候最需要的就是别人的帮助，这种雪中送炭般的帮助会让人记忆一生。

晋代有一个人叫荀巨伯，有一次去探望朋友，正逢朋友卧病在床。这时恰好敌军攻破城池，烧杀掳掠，百姓纷纷携妻挈子，四散逃难。朋友劝荀巨伯："我病得很重，走不动，活不了几天了，你自己赶快逃命去吧！"

荀巨伯却不肯走，他说："你把我看成什么人了，我远道赶来，就是为了来看你。现在，敌军进城，你又病着，我怎么能扔下你不管呢？"说着便转身给朋友熬药去了。

朋友百般苦求，叫他快走。荀巨伯却端药倒水安慰说："你就安心养病吧，不要管我，天塌下来我替你顶着！"这时"砰"的一声，门被踢开了，几个凶神恶煞般的士兵冲进来，冲着他喝道："你是什么人？如此大胆，全城人都跑光了，你为什么不跑？"

荀巨伯指着躺在床上的朋友说："我的朋友病得很重，我不能丢下他独自逃命。"然后正气凛然地说："请你们别惊吓了我的朋友，有事找我好了。即使要我替朋友而死，我也绝不皱眉头！"

敌军一听愣了，听着荀巨伯的慷慨言语，看看荀巨伯的无畏态度，很是感动，说："想不到这里的人如此高尚，怎么好意思侵害他们呢？走吧！"说着，敌军撤走了。

患难时体现出的正义能产生如此巨大的威力，说来不能不令人惊叹。

濒临饿死时得到一个萝卜和富贵时得到一座金山，就其内心感受来说是完全不一样的。我们总会在现实生活中遇到一些困难，遇到一些自己解决不了的事情。

这时候，如果我们能得到别人的帮助，我们将会永远地铭记在心，感激不尽，甚至终生不忘。相反，在生活中，很多人总是喜欢在别人富有时再帮上别人一把，以便使之锦上添花。但往往没想到，其实，锦上添花，不如雪中送炭。

雪中送炭和锦上添花虽然都是帮助别人，但帮助的对象不同、所送的东西不同、送的时机不同，送的效果也不一样。两者相比，前者更好。

第一，按成本来算，雪中送炭的成本相对较低。一篓炭的价钱比一篮花要低，如果是"金枝玉花"，那就更贵了。胡雪岩给雪中的王有龄送了一篓炭，只花了三百两银子，但后来给锦上的宝中堂添了一枝花却花了两万两银子。这其间几乎是天壤之别。

第二，对于接受者来说，相对价值要高。这个相对价值，主要是边际效用大小的问题。炭对于雪中人来说，边际效用最大；而花对于锦上人来说，边际效用就小得多。

第三，对送与接双方来说，道义价值都高。锦上添花，有趋炎附势之嫌，道义价值是负的。雪中送炭，有扶危救困之名，得仁人义士之誉，道义价值之高，可想而知。

第四，接受者对送出者的回报高。雪中送炭的回报有多高？保守的估计，是投入一碗饭，回报一百两银子。这是汉代名将韩信对漂母的回报。韩信饿肚子时，漂母给他一碗饭，韩信封侯后，回报漂母一百两银子。这个回报还算是小的。吕不韦得到的回报更大。他花费了一批金银、一个宠妾、一个儿子就夺来了一座江山。这可是大生意经。

第五，送出者对接受者的约束力强。一旦你在雪中被人送了炭，你对送炭者无论回报多少东西，都不为多。他要你回报灵魂，你也没有办法。你回报是应当的，你如果不回报或不能按要求回报，你就会背上不仁不义之名。

从以上五点可以看出，"雪中送炭"的优点远远胜于"锦上添花"，因此我们在帮助别人时一定要注意这些。

人生感悟

每个人活在这个世上，都不可能不有求于人，也不可能没有助人之时。当你打算帮助别人的时候，请记住一条规则：救人一定要救急。道理很简单：如果他人有求于你了，这说明他正等待着有人来相助，如果你已经应允了，那就必须及时相助。如果他人没有应急之事，也不会向你求助，因为一般人都不愿求人。

第七篇

会说话才会受欢迎

说话不仅要懂技巧，还要有好心态

身处于社会群体之中，与人交流成了生活中必不可少的重要环节，一个人对另一个人的真实态度和看法，大多是在交流中形成的。每一个人都希望获得别人的喜爱和欢迎，但是在现实的交流中，却有不少人将这个美好的愿望忘在了脑后。

因为心情不佳而无意随口说出伤害对方的话；因为一句不合时宜的话而让交流气氛变得紧张、尴尬；因为别人的一句玩笑而动怒还击。有时候，有些人甚至根本没有意识到说出去的话有什么问题，但是却给别人造成了实质性的影响，别人对自己有意见，却不知道就来源于自己所说的话，甚至还会觉得，自己待人真诚、毫无恶意，但是为什么不受欢迎呢？

俗话说："说出去的话就是泼出去的水。"说话就是覆水难收，没有后悔可言，一旦说错了话，时间就不会再给我们重来一遍的机会，即便是我们深有悔悟，至多也只能去做弥补，何况说错了话所造成的人际裂痕，远远不是通过弥补就能修复的。应聘者在面试时因为一句话没有仔细斟酌，也许就失去了一个向往已久的工作机会；小伙子去约会姑娘，也许就因为一句话不中听，而被拒绝；商场谈判者在谈判桌上也许就因为一句话没有说好，就使生意泡汤；主持人一个语言细节没处理好，就可能导致整个活动不完美。在生活、工作的方方面面，说话之重要性显而易见，语言就像一个人交际时的大标签，一个人说不好话，不仅不受欢迎，而且很多事情也办不好，甚至办不了。

说话是一门艺术，一个人说话收放自如、温厚博学，能让与之交谈的人如坐春风，如饮醇醪，其所表现的不仅是一种学识、修养、品位，更是一种做人的智慧。

曾担任美国总统的德怀特·艾森豪威尔，虽然出身贫寒，但是成年之后却在军事领域功绩卓越，不仅成功统率多次战役，并荣列美国历史上10个被授予五星上将的成员之中。在具体战役指挥上，艾森豪威尔可能不如巴顿、蒙哥马利那样极具才能，但是他却总能凯旋沙场，呼风唤雨，其实，这很大程度上得益于艾森豪威尔高超的交流智慧。

在第二次世界大战后期，艾森豪威尔还在做盟军统帅，当时他正率领盟军准备发动一次大规模的进攻。一天傍晚，他到莱茵河畔散步，忽然看到一个表情沮丧的士兵迎面而过，于是艾森豪威尔便关切地问："你还好吗？孩子。"那个士兵非常不耐烦地说："我烦得要命！"听到这儿，艾森豪威尔没有丝毫不悦，反而说道："嗨，你跟我真是难兄难弟，因为我也心烦得很，这样吧，我们一起散步，这对你我都会有好处。"

一个盟军的高级统帅，面对士兵的不屑之语竟然能回答得如此和蔼平静，没有任何官腔，这是一种说话的艺术，更是一种做人的智慧。正是艾森豪威尔坚定、镇静而又平等待人的态度，从而赢得了人心，他率领的军队总是在战场上表现得十分英勇：立功无数，成为总统后，他也是两度连任，深受人们喜爱。由此可见，掌握说话的态度和技巧对一个人的成功起着非常重要的作用。艾森豪威尔的成功，很大程度上在于其所掌握的语言艺术和交际态度。

要想在交际中受欢迎，莫过于拉近别人的心，话语真诚而温和，达到目的却又毫无尖锐之感，哪些话该说，哪些话不能说，这就是一个需要在实践中不断斟酌的过程，这个过程不仅需要动嘴，更需要动脑。但是除此之外，心态也非常重要，如果无法调整好心态，即便是运用再多的语言技巧，也会显得不自然。好比一个人被别人踩了一脚，在心里一直抱怨，脸上却挂着微笑，那微笑难免会显得生硬。所以在练就语言技巧的同时，我们还必须具备一个好心态。

美国钢琴家波奇，有一次到密歇根州的福林特城演奏，但是他发现现场观众很少，对于一名钢琴家来说，没有什么比得不到观众认可和欣赏更痛苦的了。但是他却非常从容地走上舞台，对观众们说："你们福林特城的人一定很有钱，我看你们每个人买了两个座位的票，真阔呀！"接着，全场的观众都欢声雷动起来。

身处社会，喜忧参半，我们难免要经历各种人情世故，人生中有掌声和鲜花，也难免会有失败和落寞，被误解、被冷落、被打击、被忽视，甚至被戏弄，其实都是生活中不可避免的情景，每当这时，我们都希望能有机会向别人说出自己的心声，获得他人的理解、支持。但是在现实中，没有人会始终围着我们转，解铃还需系铃人，唯一能够打开我们心结的，就是我们自己。用良好的心态面对生活，抛除坏情绪的干扰，我们才能与快乐为伴，以快乐的心赢得别人的喜爱和欢迎。

第七篇 ◆ 会说话才会受欢迎

人生感悟

不要想到什么就说什么，凡事必须三思而行。

说服他人讲究方法，不必喋喋不休

我们在观看辩论赛时可能会发现，有些人一番唇枪舌剑、举例无数，但是结果却失败而归，有的人只是寥寥几句，明确点题、切中要害，就获得了辩论的胜利。辩论就像作战，辩论成败的关键不在于说话多少，而在于掌控局面的大小，只要掌握局势令对方无机可乘，那么自然能取得胜利。

其实在现实生活中也是如此，人们都有好竞争的天性，善于说服他人获得赞同，是人性使然。一个人试图说服他人时，话说得滔滔不绝，道理讲了一箩筐，但是如果没有说到点子上，也很难让人信服，掌控不了整个局势，再多的话也是白费，而且这种喋喋不休还很容易招致他人的反感；相反，说服如果能说到关键问题上，也许一句话就能见成效。也许有人会问，一句话如何说才能有如此重的分量？让我们先来看看意大利音乐家帕格尼尼的故事。

一次，帕格尼尼雇了一辆马车准备到剧院去演出，眼看演出时间临近，他便要求车夫快一点赶路。接着他问车夫："我该付给你多少钱呢？"车夫回答道："10法郎！"帕格尼尼吃惊地叫道："你开什么玩笑？"车夫又说道："今天去看你演出的观众不是每个人要交10法郎吗？而且还是去听你用一根琴弦拉琴。"

这时帕格尼尼回答道："那好吧，我付你10法郎，不过，你能不能用一个轮子把我载到剧院？"这句话问得车夫顿时哑口无言。

"你能不能用一个轮子把我载到剧院？"这句话起到了关键的作用，不仅幽默风趣，毫无不礼貌之嫌，而且毫不给对方回击的机会，回绝得彻底而有力。其实我们说服他人时，往往就有类似的一句或几句语言起着决定性的作用，但是在说服的前期，有些人又可能因不得要领而绕了很大的圈子，最后才总结出了那几句说服力强的话。结果虽然说服了对方，但是却因喋喋不休而给了对方不好的印象，所以及时找到那些最有效果和价值的关键语言，对我们来说非常重要。

俗话说："事实胜于雄辩。"以事实说服人的确是一个很高效的方法，人们总是会在现实面前折服。但是在很多聪明人那里，所谓的"事实胜于雄辩"并不是真的总要拿出各种现实事例去说服他人，而是利用巧妙的语言引起对方对现实的反思，用最简练的语言引导对方去认识到最直接、最本质的现实问题，就好比帕格尼尼的那句反问，给予车夫的是对最直接的现实问题的思考，车夫不可能为了一个争论拆了自己的马车，何况即便拆了，车夫也不一定有杂技团独轮车演员的技术。

所以说服他人成功就在于我们用最精简的语言表达最有力的事实观点，而这种观点一定是离两个人最近的事实。虽然知道这种说服他人的技巧，但是在实际应用中，我们可能还会被其他的问题所困扰，很多时候，我们都处在一种拉锯战中。特别是在说服对方的过程中，我们常常会犯一个错误，那就是总是有一股不肯认输的劲儿，其实很多时候，正是在这种状态下，我们开始变得喋喋不休，甚至始终找不到解决问题的关键。所以在试图说服他人时，我们不仅要注重辩论本身的方法，还要注意说服的态度。在发现自己的观点有漏洞或是错误时，我们不妨大方地承认，因为如果这时还一味地保持不服输的姿态，其实恰恰就是一种承认说服失败的表现，而且这种态度常常会令我们不受欢迎。

说服他人不是用气势取胜，而是用姿态夺冠。如果你的说服真实有力，而不是一味地强调气势，那么你就能慢慢抬高姿态，在潜移默化中掌控全局，从而说服对方，在与人交流中时常锻炼这种语言的简洁性和有力性，不仅能给人们留下干脆利落的好印象，也更能令人信服，受人欢迎。

诚然，我们说服他人成功其实本不是最终目的，以此获得人心的支持，去完成自己的事才是根本。因为承认我们观点和见解的人越多，我们获得的支持才会越大，才会越受欢迎，对我们才越有利。这样说服他人才是有意义的。所以在试图说服他人时，我们也应该从这个角度出发。

人生感悟

要使人信服，有时一句言语比黄金更有效。

用事实点拨对方

战国时期的"农家"学说的代表人物许行，主张人人自食其力，一切东西都自己做，万不得已才进行交易，根本否定了社会分工。

因此他和他的弟子数十人，都穿着粗布衣，靠打草鞋、织席子来维持生活。

有一个叫陈相的人本来信奉儒家思想，但一见到许行，便改换门庭，信奉"农家"学派了。

有一次，陈相遇到孟子便竭力宣扬农家思想，他说："我认为许行先生的观点很有道理，凡是贤明的君主都应该与百姓同耕作，自己亲自做饭吃，同时兼理朝政。如果不能自给自足，怎么能称得上是贤君呢？"

孟子于是问道："那么许先生是否必定自己种粮食然后自己做饭吃呢？"

陈相回答说是的。

孟子又问："那么许先生一定是自己织布做衣服了？"

陈相说："不是，许先生穿的粗布衣服是用麻做的粗布衣服。"

孟子又问："许先生戴的帽子是他们织布做的吗？"

陈相回答："不是，是用粮食换来的。"

孟子又问："许先生为什么不自己织布做帽子呢？"

陈相说："怕对耕种有妨碍。"

孟子又问："许先生用锅做饭，用铁具耕地，这些都是他亲自做的吗？"

陈相说："不是的，也是用粮食换来的。"

孟子因此说："如果许先生用粮食去换锅、农具，这不能说对陶工和铁匠有所妨碍，那么陶工和铁匠用器具去换粮食，又怎么能说他们对农夫有所妨碍呢？况且许先生主张自给自足，那他又何不自己亲自做陶器和铁具，一切东西只是自己家里拿来用？又为何忙忙碌碌地拿粮食与别人交换呢？"

孟子用设问诱导的方法，一步步地摆事实讲道理，将"农家"学说许行的观点驳得体无完肤，却又合情合理，让陈相在不知不觉中就接受了孟子的批评意见，从而达到了说理的目的。

人生感悟

世界上的事情往往如此，捷径总是最短的路，最有效的办法常常是最简单、最基本的。其实有时候直接将对方的缺点、错误指出来，反而是避免伤人自尊心、避免双方误会、避免使人产生逆反心理等的最好方法，往往能达到批评者预期的效果。

把握言行的分寸

有人坚持，言而无文，行之不远；也有人说，沉默是金。这两句话看似矛盾，但却包含了一个言与行的分寸问题。

曾经有人问魏明帝时的楚郡太守袁安："已故的内务大臣杨阜忠言直谏，你为什么从来不称赞他是忠臣呢？"

袁安回答道："像杨阜这样的大臣只能称'直士'，算不得忠臣。为什么说他只是'直士'呢？因为作为臣子，如果发现人主的行为有不合规矩的地方，当着众人的面指出他的错误，使君王的过失传扬天下，反给自己捞了个耿直之士的名声，这不是应有的做法。已故的司空陈群学问、人品样样都好，对问题有独到的见解，但他与其他大臣见面时，从来不议论皇帝过错，只是几十次地上奏章指出哪些事做错了，哪个缺点必须改，有批评、有建议，而同僚们却都不知道，因此后人都称赞他是一位德高望重的智者和真正的忠臣。"

能言者未必能行，能行者未必能言，言而无行不如行而不言。

汉文帝到上林苑的虎圈去看虎，对虎圈管理员的口才很赏识，要提拔他为上林苑负责人。张释之上前说："陛下认为绛侯周勃这人如何？"

文帝说："是位智者。"

又问："东阳侯张相如如何？"

文帝又说："也是位智者。"

张释之说："这两位智者说话，经常张口结舌，结结巴巴，哪像这位一张口就喋喋不休，能说会道呢？秦朝时候的刀笔吏，争相比赛看谁说话办事更敏捷干练，却从来没有从人的角度考虑。这种坏风气一直延续到了秦二世，整个大局也就四分五裂，不可收拾了。如今陛下仅仅因这个管虎圈的小官吏口齿伶俐就破格提拔，恐怕天下会从此追随这种风气，争逞口舌之能，而没有实际做事的人了。有道是上行下效，下级受上级的影响，传播得很快，陛下不可不慎重考虑啊！"

于是文帝没有提拔那个小吏。

张释之的话虽然偏颇，但却说明了这样一个道理：狮子如果只知道咆哮，还不如马蜂的毒针厉害；高谈阔论而不去实施，还不如踏踏实实地埋头做事。

世上有许多人，读过很多年的书，甚至成为了某学科的博士，动辄就发表洋洋洒洒数万言的论文，可一旦要他解决实际问题，他马上傻眼了。因为这种人只会照本宣科，而不会学以致用，又怎么能成为大人物，成就一番大事业呢？

在很多情况下，低论调甚至不置一言反映的不仅是对自己才能的自信，更是一种包容万物的大气度、大胸怀。宋朝的王旦就是这样一位海纳百川般的大人物。

宋真宗时代，寇准与王旦是枢密院同事。寇准常在真宗面前攻击王旦，但是王旦都一笑置之。

后来寇准罢相，辗转无聊之际，只好回过头来转托别人求王旦，想要一个职位。王旦听说后对来人说："国家官员的职位，哪里可以随便请托要求？我不接受私人的请托。"

寇准觉得很没面子，对王旦更不满意，逢人就说他的坏话。不久之后，寇准又被任命到中枢担任要职，他参见真宗的时候说："如果不是陛下知臣，我怎么能有今天呢？"

真宗摇头告诉寇准："你能担任这个职位，都是出于王旦的极力推荐。"寇准非常羞愧。

人生感悟

一个人要是总是把自己当成珍珠，就时时会有被"埋没"的痛苦，反倒不如把自己当成泥土，让众人踩成一条金光大道，在那金光之上也会有属于个人的光彩。

把握行与言分寸的关键在于审时度势，该多讲时大胆放言，不能少说，否则言犹未尽；该少讲时，不能多说，否则言多必失；该沉默时，奉行沉默是金，三缄其口。

关键时刻显神威

　　让人钦佩的智谋分为两类：一类是让人一看就觉得十分高妙，比如古代的辩士滔滔不绝的游说；另一类则是表面平淡无奇，然而却包含了极深的玄机，不易让人识破，就像诸葛亮所摆下的石头阵，不同的人会有不同的理解。只是在关键时刻才显露山水，让人恍然大悟，叹服不已。

　　战国时代，范蠡帮助越王灭吴后离开越国，来到齐国，化名鸱夷子皮，投到齐大臣田成子门下。

　　后来，田成子离开齐国，逃往燕国，子皮背着符信跟随着田成子。到了望城，子皮说："您是否听说过涸泽之蛇的故事？涸泽中的蛇为了活命要迁走，有一条小蛇对大蛇说：'您走，我跟随您一起爬，人们都认为我们是逃亡的蛇，一定会杀了我们，还不如我们互相衔着，您背我走。这样人们会以为我是神，我们就能免于一死。'同样的道理，您美我丑，我做您的仆人，人们顶多只会认为您是一位土财主。如果以您做我的仆人，别人会觉得我是万乘之国的大臣。"

　　田成子一听有道理，就背起符信跟在鸱夷子皮的后面。到了迎接宾客的旅舍，旅舍的主人果然对他们十分敬重，并献上酒肉来招待他们。

　　这是用反常之举来暗示自己的身份不同寻常，其根本原因在于摸透了人们的惯性思维，因而成功。

　　宋朝时，秦桧掌权，各地送来的贡献，先进献到他家，其次才送给宋高宗。有一天，秦桧的老婆王氏进宫，宋高宗的母亲显仁太后提到这些日子很少见到大鱼，王氏回答说："我家有大鱼，我给您进献一百尾。"

　　王氏回来告诉秦桧，秦桧听后怪她说走了嘴。第二天，秦桧派人进宫献上从街上买来的糟青鱼一百尾，显仁太后对别人笑着说："我说这婆子土里土气，果然不出所料。"

　　程厚做太子中舍时，有一天被邀请到秦桧府第。他被请到书房，见室内十分冷落，只有桌子上有一篇文章，署名是"学生类贡进士秦埙呈"。

程厚独自一人默然翻阅，发现文章写得文采飞扬，因此连看了几遍，几乎能背出其中一些句子。在他翻看的时候，不断有人送上酒肴茶点。但一直等到天色很晚，秦桧也没有出来接见他。

程厚莫名其妙地回去了。几天以后，朝廷命他担任科举主考官，他才完全明白过来，于是就以在秦桧家看到的那篇文章的题目命题。结果秦埙的文章文辞出众，考了第一名。

秦桧的做法虽然属于弄权徇私的行径，但是他处理问题的手法，却充满了常人不及的智谋，下下人有上上智，不可不知。

与此类似的还有一个故事。

宋代王随字章惠，考进士时，家境十分贫寒。他游学翼城时，欠人饭钱，被抓进县府。当时石务均的父亲任县中官吏，为他还了饭钱，又把他领到家中住下，石务均的母亲对他尤其礼遇。

一日石务均酒醉，令王随起舞，舞步不合拍节，就殴打他。于是王随愤而离开了石府。

第二年王随榜上题名，中了进士，过了些年，又当了河北转运使。石务均听说王随回来了，十分害怕，到处躲避。后来，石务均被人诬陷，被抓到狱中。他父亲又急又气一病身亡，家里的人向王随诉说冤情，请求援救。

这时王随已做了御史中丞，并没有派人重新审理案子，而是派人送了几锭银子到翼城县中，请县令帮助安葬石务均之父。石务均也就安然无事了。

人生感悟

这是巧用送礼金来暗示自己与当事人的关系，虽然不置一词，但所要表达的意思尽在不言中，不可谓不巧妙。可惜的是，这一智谋为后世不少人学来作为贪赃枉法的工具，当然，这已经不是智慧处世本身的错了。

说话要分清场合

唐代文学家、哲学家韩愈曾说："在官府中当众说人好坏，人们会认为你居心叵测；在闲谈时评说别人，别人会觉得你有敬慕之心。"韩愈的这番箴言，足以引起那些不顾场合随便说话之人的警戒了。

其实，说话也是一门艺术，有些话从某些人嘴里说出，亲切婉转，使人如沐春风；而同样的内容从另一些人嘴里说出，就暴戾生硬，让人难以接受。所以，要想拥有良好的人际关系，说话艺术不可不研究。尤其是劝说别人，更要注重分寸，讲究方式，要尽量做到和颜悦色、循循善诱，动之以情、晓之以理，这样才更容易达到劝说的目的。

清朝光绪帝载湉继位时年仅4岁，由两宫皇太后垂帘听政。慈禧常单独召见廷臣，有事不与慈安太后商量，慈安太后颇为不平。

年初，慈禧忽然得了重病，征集中外名医治疗都没有效果。后来用产后疏导补养的药治疗，竟"奏效如神"。于是慈安太后知道慈禧失德不检，便以庆贺慈禧康复为名，在钟粹宫摆下酒席，和慈禧共饮。酒过三巡，慈安太后让左右的人下去后，就谈起咸丰晚年的事。她说："20多年来，两宫相处还算好，有一件事早想和妹妹说了，请妹妹看一件东西。"慈安说着起身从一个匣子里拿出一卷黄绫纸来，原来是咸丰帝临终写给慈安太后的手谕，大意说是若此后那拉氏不安分，可出示此诏命大臣把她除掉。慈禧听后，脸色大变。

慈安太后完全出于好心告知慈禧此事，想借此遗诏规劝慈禧今后处处须检点。为了不使慈禧猜忌，慈安当场索回遗诏，在蜡烛上烧了，说："此纸已无用，焚之大吉。"慈禧表面感激涕零，暗中却心怀鬼胎。不久以后，慈安太后突患感冒，很快就死了，民间传说是被慈禧所毒死的。

像慈安一样因说话不慎招致杀身之祸的人还有很多，沈德潜也是一个非常著名的例子。

清代著名诗人和诗评家沈德潜，做过礼部尚书，生前深得乾隆帝恩宠。乾隆帝南巡时喜欢到处题诗，每有所作，常常令沈氏润色，甚至由沈氏代为捉刀，也就是代乾隆写作。沈氏为了炫耀自己，常对诗友说某首御制诗是他改的，某首诗是他代写的，甚至把代乾隆所作的诗收入自己诗集。这一下便得罪了皇帝。后来，因为沈氏《咏黑牡丹诗》中有"奇朱非正色，异种也称王"的句子把他抓了起来，并且死后得到了剖棺碎尸的下场。

文字狱是中国帝王的一大法宝，对于那些清高的文人墨客，他们有办法整治。这些都与传统文人一方面自视清高，一方面也离不开帝王的恩宠有关。牢骚满腹，昭示于言辞；或矫情夸耀，不知世情之险恶。

因言获罪在中国是有传统的，切不可忘记。古人说"讷为君子，寡为小人"，"祸从口出"。这并不是不让人们说话，而是告诫人们讲话一定要谨慎。常言说："言多必失，谨开言，慢开口"；"会说话的想着说，不会说话的抢着说。"开口说话要动脑筋，为什么要说话，要看讲话对象，应该怎样开口，都有一定的学问。

古人在对待因言获罪的问题时，提倡恶语善说，既要表达"志不同不相为谋"的意思，又表明自己的立场，勿伤害对方的自尊心。即"君子绝交，口不出恶言"。

把这种保身哲学引申开来，就涉及古人很重视的如何表达"察与不察"的处世之道。善于明察的人并不一定是明智的，能够明察也能够不察的人，才是明智的。因为自己洞察了某件事的本质，却偏偏有人不愿你把事实的真相说出来，只好装作不知，才能使自己免遭不测。内精明而外浑厚，沉默是金，大智若愚，这才是真正的明智。

人生感悟

说话时要特别当心。美国前总统林肯曾经说过：对暂时斗不过的小人要忍耐。与其和狗争道被咬伤，还不如让狗先走。因为即使你将狗杀死，也很难治好被咬的伤。所以，如果你要面对的是小人，就应当采取忍让为上的策略，千万不要冲动。

不要把话说得太满

人们都不喜欢那些常爱自吹自擂的人，你当然不愿人家也是这样看待你。那么最好的办法，就是在自己谈吐行动之间，处处给自己留下一个自由旋转的余地。

在南北朝时，贺若敦为晋的大将，自以为功高才大，不甘心居于同僚之下。看到别人做了大将军，唯独自己没有被晋升，心中十分不服气，口中多有抱怨之词，决心好好干它一场。

不久，他奉命参加讨伐平湘洲战役，终于打了个胜仗，全军凯旋。对此应该算是为国家又立了一大功吧，于是他自以为此次必然要受到封赏。不料，由于种种的原因，他不但没升职，反而被撤掉了原来的职务。为此，他大为不满，对朝廷大发怨言。

晋公宇文护听了以后震怒，于是把他从中州刺史的现任职位上调回来，迫使他自杀。他知道这都是因为他没有管住自己的舌头，所以才落了个今日的下场。于是，临死之前他对儿子贺若弼说："我有志平定江南，为国效力，而今未能实现，你一定要继承我的遗志。我是因为这舌头把命都丢了，这个教训你不能不记住呀！"说完了，便拿起锥子，狠狠地刺破了儿子的舌头，想让他记住这血的教训。

光阴似箭，斗转星移，转眼几十年过去了，贺若弼也做了隋朝的右领大将军。但是，他终究没有记住父亲临死的教诲，常常为自己的官位比他人低而怨声不断，总认为自己当个宰相也是应该的。过了不久，他一直认为不如他的杨素却做了尚书右仆射，而他仍为将军，未被提拔。于是，他气不打一处来，不满的情绪和怨言便时常流露出来。

后来这些话便传到了皇帝的耳朵里，贺若弼被逮捕下狱。皇帝杨坚责备他说："你这个人有三太猛：嫉妒心太猛；自以为是，自以为别人不是的心太猛；随口胡说、目无长官的心太猛。"由于他以往的功绩，没过多久，便被放了出来。但他还是没有吸取教训，又对其他人夸耀他和皇太子之间的关系，说："皇太子杨勇跟我之间情谊亲切，连高度的机密，也都对我附耳相告，言无不尽。"

后来，杨勇在隋文帝那里失势，杨广取而代之为皇太子，贺若弼的处境可想而知。

隋文帝得知他又在那里大放厥词，就把他召来说："我用高颖、杨素为宰相，你多次在众人面前放肆地说'这两个人只会吃饭，什么也不会干'，这是什么意思？言外之意是我这个皇帝也是废物不成？"

这时，由于贺若弼素来言语不慎，所以在言语间也得罪了不少人。朝中一些公卿大臣怕受株连，于是都开始揭发他过去说的那些对朝廷不满的话，并声称他罪当处死。隋文帝见了，对贺若弼说："大臣们对你都十分的厌烦，要求严格执行法度，你自己寻思可有活命的道理？"贺若弼辩解说："我曾凭陛下神威，率八千兵马渡长江活捉了陈叔宝。希望能看在过去的功劳的分上，给我留条活命吧！"隋文帝说："你将出征陈国时，对高频说：

陈叔宝被削平，问题是我们这些功臣会不会飞鸟尽，良弓藏？'高频对你说：'我向你保证，皇上绝对不会这样。'是吧？等到消灭了陈叔宝，你就要求当内史，又要求当仆射。这一切功劳过去我已格外重赏了，何必再提呢？"贺若弼说："我确实蒙受陛下格外的重赏，今天还希望格外的赏我活命。"此时，他再也不敢攻击别人了。隋文帝又念他劳苦功高，只把他的官职撤销了。

父子两代人，同样是因言多而坏事，实在叫人慨叹和惋惜。所以，我们有时一定要学会忍住那些不该讲的话，以免招致不必要的祸端。

在一所大学中就曾发生过这样一件事：

同住一个宿舍的两名大学生，其中一个学生的家长是一家公司的经理，于是，他也跟着家长养成了说一不二的习性，每每说话必压人一头；另一个性格内向，自尊心很强，家长只是个一般工人，所以这个学生的性格也极为内向，不爱说话。

当这个性格内向、自尊心很强的同学不幸患上了轻度的肺结核时，同学们都积极地关心他、照顾他，而那个高傲的同学却扬言要把他赶出这个宿舍，以免被传染。这话严重伤害了患病同学的自尊心。后来，他们又因晚上睡觉熄灯问题发生争吵，那位高傲的同学本来没理，却蛮横地叫喊："你得给我跪下求饶，否则，你在这寝室住一天，我就欺负你一天。"骂完后，他没事一般地去休息了，而内向的同学也被劝到别的寝室住了一宿。

古人说："刀疮易受，恶语难消。"这位被骂的同学在另一个寝室越想越气愤，终于再也忍不下去了。他从别处借了一把锤子，在一天深夜，趁那个出口伤人的同学熟睡之际，用锤子向他头部猛击十多下，将他打死了，而自己也被判处了死刑。

两个不满20岁、入学不到一年的大学生，就这样结束了年轻的生命。是什么害了他们呢？就是盛气凌人的言辞，当然也还有不成熟的性格。这教训不是很惨痛吗？

在生活中，常常可以看见一些盛气凌人的人。虽然这些人并不像他自己说的那样非要做出什么坏事或过头的事，但是他们的气势却往往让人无法忍受，因此这些人也常常会由于言语过激或过满而招致始料不及的后果，给自己带来无端的伤害。到最后，只能留下一生的悔恨。为此，我们每一个人一定要记住：何时都不要把话说得太满、太过激，而应多用一些缓和的、留有余地的词语。

人生感悟

在日常生活中，即使自己在事业上取得了一定的成绩，或者有了一些特殊的优势，也千万不要傲气十足，牛气冲天。自以为高人一等，处处唱高调，时时摆身份；想怎么说，就怎么说；只图自己痛快，不顾别人感受，这样迟早会因失语于人而殃及己身。

妙用类比，给对方心灵以触动

喜欢直言直语的人说话时常只看到现象或问题，也常只考虑到自己一吐为快，而不去考虑旁人的立场、观念和能否接受。他的话有可能一派胡言，但也有可能鞭辟入里。一派胡言的直言直语对方明知，却又不好发作，只好闷在心里；鞭辟入里的直言直语因为直指核心，让当事人不得不启动自卫系统，若招架不住，恐怕就怀恨在心了。所以，直言直语不论是对人对事，都会让人受不了，于是人际关系就出现了阻碍，别人宁可离你远远的，免得一不小心就要承受你的直言直语。不能离你远远的，那就想办法把你赶得远远的，眼不见为净，耳不听为静。

喜欢直言直语的人一般都具有正义倾向的性格，言语的爆发力、杀伤力也很强，所以有时候这种人也会被别人当枪使，鼓励你去揭发某事的不法，去攻击某人的不公。不管成效如何，这种人总要成为牺牲品，因为成效好，鼓励你的人坐享战果，你分享不到多少；成效不好，你必然成为别人的眼中钉，是排名第一的报复对象。

曹睿是魏文帝曹丕的大儿子，也是曹操的长孙。他很小的时候，就很聪明，曹操很喜欢他，常把他带在身边。他的母亲甄氏，也是个聪慧的美人儿，很有风度，也善于体贴人，做事沉稳，更是疼爱曹睿，母子情深。起初甄氏在曹府曾经很得丈夫的宠爱。

可是，后来曹丕不知是受了谁的挑拨，还是喜新厌旧，渐渐地不爱甄氏了。其实不宠爱也罢，他竟于221年下令要甄氏自杀，然后把儿子曹睿交给他宠爱的郭皇后抚养。当时，曹睿已十四五岁，生身母亲这样惨死，他心里自然是疙疙瘩瘩地，很不痛快。但是他后来到底想通了，"留得青山在，不怕没柴烧"，于是，他把仇恨深深地埋在心底，并装作很高兴的样子，认郭皇后作母亲，早晚通过年长的妃嫔给郭皇后请安，问候饮食起居。这郭皇后没有亲生儿子，也还算疼爱他。

魏文帝曹丕因曹睿对他有怨气，曾打算立另一个宠姬生的儿子为太子，但又觉得不合道理，所以迟迟没有立曹睿做太子。这曹睿心里明白，自己是长子，按常理是应该立自己做太子的，如果父亲不疼他，不立他做太子，失去继承权不说，以后也就只能任人宰割，说不定还性命难保呢！

有一天，曹睿跟父亲一起去打猎，看到一对子母鹿。曹丕一箭射去，把母鹿射死了，接着要曹睿射那小鹿。曹睿不肯，说："父皇您已经射杀了小鹿的母亲，我不忍心再杀它的孩子。"接着，他向着父亲，眼泪双流。

曹丕随即收起弓箭，罢猎回宫。他仔细琢磨着儿子的话。他知道儿子语带双关，不杀小鹿，也是在替自己请求呢！是啊！已经杀了这孩子的母亲，难道再忍心让别人来杀这孩子吗？想到此，他打定主意，立曹睿为太子。

不久，曹睿继承皇位。他一上台，就为母亲恢复荣誉，追认母亲为文昭皇后。

试想，假如曹睿对他的父亲说："你已经杀了我的母亲，难道你还要杀我吗？"曹睿的处境可想而知。

其实，用类比的方法是有效说服别人的技巧之一，该技巧的精妙之处在于，让听者自觉去领悟，从而接受你的劝说。

战国时期，楚国有一位能言善辩的天才大师，他善于在谈笑之间劝说国君。楚庄王有匹心爱的马，楚庄王看重此远远超过人。比如他给马披上锦绣的衣服，养在华丽的屋里，站的地方设有床垫，并用枣脯来喂它。马因吃得太好太多，患胖病死了。庄王竟然下令全体大臣给马戴孝，不仅准备给马做棺材，还要用大夫的礼仪安葬。

群臣一致反对，认为这样不对，文武百官纷纷上书劝庄王别这样做。对此，楚庄王十分反感，他立即下令说："有谁再敢拿葬马这件事进谏，格杀勿论！"由于庄王的淫威，群臣都不敢说话了，只有优孟一听到庄王的命令，立即来到殿门，刚步入门阶就仰天大哭。庄王见他哭得这么伤心，觉得很惊奇，问他为什么大哭。

优孟说："这匹死去的马，是大王最疼爱的，楚国是堂堂大国，用大夫的礼仪来安葬，礼太薄了，一定要用国君的礼仪来安葬它。"

楚庄王听到优孟不像群臣那样拼死劝谏，而是支持他的主张，不觉喜上心头，很高兴地问："照你看来，应该怎么办才好呢？"

"依我看来"，优孟清了清嗓子，慢慢说，"以雕玉做棺材，用耐朽的樟木做外椁，以上等木材围护棺椁，派士兵挖掘墓穴，使老少都参加挑土修墓，齐王、赵王陪祭在前面，韩王、魏王护卫在后面，用牛、羊、猪来隆重祭祀，给马建庙，封它万户城邑，将税收作为每年祭马的费用。"说到这里，优孟才将话锋一转，指出了庄王隆重葬马之害："这样，诸侯听到大王对死马的葬礼如此隆重，都知道大王认为人卑贱而马尊贵了。"

这么一点，确是点到庄王葬马的要害，一个统治者竟"贱人而贵马"，必然为世人所厌弃，问题如此严重，不能不使庄王大为震惊，说："寡人要葬马的错误竟到了这么严重的地步吗？怎么办才好呢？"

优孟说："请让我为大王用葬六畜的办法来葬马：用土灶作外椁，用大锅作棺材，用姜枣作调味，用木兰除腥味，用禾秆作祭品，用火光作衣服，把它葬在人的肚肠里。"于是，庄王听从优孟的劝谏，派人把马交给掌管厨房之人去处理，不让此事传扬出去。

人生感悟

对于有的事情，少去批评其中的不当。事是人计划的、人做的，因此批评事也就等于批评了人，直言直语也许会给自己带来麻烦，如果非讲不可，还是最好拐个弯，迂回地讲。

点拨关节话往对方要害处讲

刘备有位甘夫人，长得玉骨柔肌，态媚容冶。刘备驻守徐州时，闻甘氏艳名，便纳为妾。后来刘备的原配夫人糜夫人早逝，刘备便逐渐提拔、扶正甘夫人做了夫人。由于甘夫人天生丽质，加之肌肤白若霜雪，令刘备十分陶醉，连亡命途中，也与甘夫人时刻不离。后来，有位河南人献给刘备一个精巧的玉人，高3尺，栩栩如生，光彩照人。刘备爱不释手，便把玉人放在甘夫人房间里，使两者媲美生辉。在他看来，眼下自己有巴蜀这块地盘，而且外事内政有诸葛丞相张罗，不用他操心，于是常常一边拥抱着甘夫人，一边玩味着玉人，口中还念念有词道："玉之可贵，德比君子，况为人形，而不可玩乎？"为自己玩物丧志寻找借口。这下可急坏了甘夫人。她倒不是因为刘备爱玉人吃醋，而是因为这样下去，复兴汉室基业何以成功呢？

甘夫人很了解刘备。她知道，刘备经过长期的艰苦努力，才由一个一文不名的贩草鞋的乡村野夫而拥有了西川，建立了蜀汉政权。这固然可贺可喜，但这只是起头，应该更加发奋图强。刘备原有的计划是复兴汉室，灭曹操，吞东吴，统一天下。但是今观刘备，自从建立蜀汉政权以来，安于平静的生活，不爱听从别人的劝告，甚而还宠信那些阿谀之徒，意志颇为消沉，大志即将磨灭。长此以往，哪里还能实现他原来囊括四海、复兴汉室的宏愿呢？甘夫人不能不忧虑。她几次想摔掉玉人，又怕刘备不高兴，几次想谏言，毕竟自己又是不参政的妇道人家，不好直言。后来，甘夫人终于从玉人本身触发起灵感。想到了春秋时代"子罕不以玉为宝"的典故，于是以此为谏辞，稽古喻今，说服刘备。

这一天，夫妇二人正在闲聊的时候，甘夫人说："妾今天看了个故事。说古代宋人得了玉石，献给宋国的正卿子罕。可是子罕不但不接受，连看都不看一眼。献玉的人说：'此玉成玉人状，是一块稀世之宝，故而才敢奉献给你。'子罕却说：'我平生以不贪为宝贵，你是以玉为宝贵，若是将玉赠送给我，那么，你我都丢失了宝贝，你丢掉的是宝玉，我丢掉的是廉洁这块宝。'所以子罕不以玉为宝，在春秋时代传为佳话。"

正当刘备听得津津有味之时，甘夫人又说："现在曹操、东吴都未消灭，陛下你却以一块玉石玩乎股掌。你可知道，凡是淫、惑必生变，千万不可长此以往啊！"

一向有大志的刘备，也明白自己产生了安乐思想，听后沉思了一会，终于撤掉玉人，摒绝奸佞小人，振作而务大计了。

要把一个现成的结论强加给对方很难，但可以很容易地把推理和思维的程序"推销"给对方，这时，只要点拨一下问题的症结所在，对方就很自然地沿着你指定的思路得出结论。

如果结论是后果非常严重，而且还不是你强加对方的，一切都是水到渠成，不由得对方不就范。

例如，五代时后唐有个皇帝叫庄宗，此人酷爱打猎。一次，他带着一群朝廷官员来到牟县，走着走着，一只野猪从丛林里窜了出来，随从呼拥而上，野猪吓得慌忙向麦田跑去。一看野猪没了踪影，庄宗命令随从拼命追赶，一追，田里的麦苗被踏坏了一大半。这事恰好被在外视察民情的县官看到了。这县令历来就关心民生疾苦，这次又亲眼看到长势正旺的麦地一下子成了一片废墟，心里很不好受。县官知道是皇帝在打猎，但他还是斗胆劝说他们不要再追赶野猪，以免损坏更多的庄稼。当时庄宗正在兴头上，见有人出来阻拦他的人马，顿时大为愤怒，不由分说叫人将县官捆了起来。旁人虽有些不平，但慑于权威，只得忍气吞声，没有谁敢说半个"不"字。

庄宗的随从里有个叫敬新磨的人，他生性好打不平，看到县官被无辜捆绑，心里很不安，想搭救一把，但又犯难，怕正面维护县官惹怒皇上，罪当该死；不救吧，又于心不忍。突然，他灵机一动：何不来个正话反说，达到打墙壁震屋地的效果？只见他冲上前去，指着县官骂道："你这个糊涂虫，难道你不知道皇上喜欢打猎吗？"庄宗见随从有人出面为他说话了，顿时化怒为喜。见皇上情绪好转，便马上乘机"训斥"县官一遭："你应该把这片地空起来，让皇上随心所欲地追赶猎物。你难道还怕老百姓饿肚皮吗？怕国家收不上税吗？再说百姓饿肚子的事小，皇上打猎的事大；国家收不上税是小事，让皇上打猎高兴才是大事啊！"县官听到这里，终于悟出了话外音，七上八下的心总算平静了下来。庄宗却觉得敬新磨的话越听越不对劲儿，直到最后，他才彻底明白是在批评自己。他连忙走上前去，用温和的口气圆场道："算了，这只不过是场游戏，还不赶快把县官给放了。"

人生感悟

要想把话说到点子上，必须要抓住对方的心理，如果不知对方的心里所想所需，是无法说到点子上的。就像一个神枪手，如果蒙上他的眼睛，再让他去找一个目标，那么，他只能凭感觉去打，这是难以击中目标的。所以，与人说话时，必须要洞察对方的心理，才能说到点子上。

对上司批评的话要说得巧

中国封建社会几千年，无论哪朝哪代，帝王的权力都是至高无上的，

没有任何力量能够制约帝王。帝王的口是"金口",帝王的话是"圣旨"。不能更改,更不能违抗。别人给他提意见时,若是高兴,可能会接受;如若听不入耳,发起脾气来,说声"斩",便会人头落地。因此,作为臣子,在给帝王们提意见的事情上就大有文章可作了。你能不能提出有分量的意见和建议,可以说明你能干不能干;你敢不敢提意见和建议,可以看出你忠诚不忠诚。

古往今来,多少忠臣谋士敢于犯颜进谏,慷慨陈辞,悲壮地倒在王宫门外,留下许多供后人传颂的美名。然而帝王并不因此醒悟而纳谏,国家自然也不会因此而强盛进步。可见这样"文臣死谏"也并不见得好。

那么,对上司的劝谏批评,怎样才能达到如期的效果呢?关键是要注意以下两点:

第一,巧妙设喻,顾左右而言他。

例如,齐威王的相国邹忌,他向君王提意见的方法很巧妙,既能保全自己,又能发挥作用。

这位新相国不但聪明,而且长得非常漂亮,身材修长,容貌美丽。有一天早晨,他穿好以后,对着镜子反复端详,喜不自胜,禁不住问他的妻子:"我跟城北的徐公比,哪个更漂亮些?"妻子走过来,亲昵地依着这位风流潇洒的丈夫,对着镜子里的一双美人,娇柔地说:"徐公哪有你漂亮呀!"这话就像是让邹忌喝了一碗蜜似的,不用说心里有多甜了。但他转念一想,徐公是齐国著名的美男子,我真的能比过他吗?于是他又去问他的小妾:"我与徐公比,哪个更美呢?"小妾胆怯地抬起头,看了他一眼,轻声地回答说:"徐公怎比得上你呢?"

邹忌听了,觉得踏实多了,高高兴兴地上朝去了。

第二天,家里来了个客人,邹忌坐下来与客人交谈时,突然想起昨天的事,便又问客人:"你看我和徐公两个,哪个漂亮些?"客人见问,不假思索,马上回答说:"相国身材魁伟,仪表俊美,如此风度翩翩,徐公哪里比得上您呢?"

听客人也这样说,邹忌更加自信了。非常凑巧,第三天,那位齐国的美男子城北的徐公来相国府拜访。两人相见,邹忌看到徐公神采飘逸,光彩照人,觉得自己远不如徐公美,忙起身借口换衣,对着镜子照了照,更觉得相差很远。晚上躺在床上，他还在琢磨这事。终于，他由此而悟出了一个道理。

第二天上朝的时候，他便对齐王说："我明明没有徐公美，可我的妻、妾和客人都说我比徐公美。我想了好久，发现这是因为我的妻子特别喜欢我，我的妾害怕我，我的客人有求于我，所以他们才这么说的，我差点受了蒙蔽。由此，我想到了大王您。现在齐国有千里方圆的土地，有100多个城邑，嫔妃侍臣们都特别喜欢您，朝中大臣们都怕您，全国的百姓都有求于您，这样看来，您听的好话更多，受的蒙蔽也更深了。"

威王听了，觉得很有理，很快便明白了邹忌的用意，连声说："言之有理！言之有理！"并且马上传下命令："不管是朝中文武大臣，还是全国的官吏百姓，能当面指出我的错误的，受上等的赏赐，写出书面意见的，受中等赏赐；在大庭广众之中议论批评我，传到我耳朵里的，给下等的赏赐。"

全国上下闻此命令，莫不畅所欲言，广开言路。威王兴利除弊，因而国家更加强盛了，齐国便出现了万邦来朝的局面。

邹忌巧妙设喻劝齐王，真是利国利君又利民。而威王因为提倡进言，所以才能形成这样一个局面。

第二，要做到"忠言但不逆耳"，为此，你就要多用启发式语言。

战国时期，秦国攻赵，赵国向齐国求援。齐国要赵国送太后的小儿子长安君为人质，方肯发兵。但赵太后执意不肯，虽然满朝文武都极力劝谏，仍无济于事。最后赵太后干脆宣布："谁要再来劝我，我就吐他的脸。"

后来左师触龙求见，太后知道他也是来规劝的，于是满脸怒气地等他来。触龙慢慢地走到太后面前，请罪说："我的脚有点毛病不能走快，因而好久没有来看太后，却心下惦念，故今特来拜望。"太后见此便说自己现在也得靠车行走。触龙又问了太后饭量等其他一些情况，这段家常话使太后的怒容全消。

之后，触龙又来求太后允许他的小儿子在王宫卫队里当一名卫士。太后满口答应，并问触龙儿子多大岁数了。触龙答曰15岁，并说要在死之前为儿子安排好立身之处。太后见此便问男人是否也疼爱孩子。触龙曰："比起女人有过之而无不及。"此时，触龙顺便问太后疼爱燕后（赵太后之女）是否甚于长安君。太后答曰："比不上长安君。"由此，触龙强调说父母疼爱孩子应为他们的前程着想，并举例说赵太后自己当年与燕后分别，难舍难分，依依惜别，但每次祭祖的时候，却祷告让燕后留在燕国，不要回来，以使其子女世世代代为燕王。讲完这番话，触龙反问太后："您这样做，不正是为燕后的长远着想吗？"太后点头称是。

此时，触龙话锋一转，向太后道："自此三世之前，自赵国内大夫升诸侯以来，每一代国王的子孙凡是封侯的，其后期还有吗？"太后摇摇头，触龙又问："不光是赵国如此，其他子孙受封的后代还存在吗？"太后又摇了摇头，由此触龙评论道："这是因为他们的地位显贵却没有功勋，待遇优厚却没有功绩所致。如今您给长安君以显贵地位、膏腴之土，却没有给他为国立功的机会，这样一旦太后不讳，长安君又何以使赵国自立呢？因此老臣认为你爱长安君却没有替他的长远考虑，爱长安君不及爱燕后深。"

至此，太后完全接受了触龙的批评与劝说，便回答道："好吧，就按你的意思。"之后为长安君准备了100辆车子使齐，齐国随即发兵救赵，从而退了秦国之军。

在这一事例中，触龙之所以能够使赵太后改变初衷，同意将长安君送往齐国做人质，就在于他巧妙地运用了父母疼爱儿女的人之常情为契机，批评赵太后不为长安君的长远着想，会因疼爱一时误了一世。由于触龙深刻地体会到赵太后爱子心切，于是从聊家常开始，请示太后将自己的小儿子安排在宫中当卫士，到评论太后爱燕后与长安君的差别，到最后建议爱长安君应给他为国立功的机会，始终未探讨送长安君到齐做人质与退秦军的利害关系，恰到好处地既顺了太后的心意，又使太后接受了批评意见，不愧为忠言不逆耳的典范。

人生感悟

作为下属，你能不能提出有分量的意见和建议，可以说明你能干不能干；你敢不敢提意见和建议，可以看出你忠诚不忠诚。古往今来，多少忠臣谋士敢于犯颜进谏，慷慨陈辞，悲壮地倒在王宫门外，但不能因此而沉默不语。这就需要你做到"忠言但不逆耳"，多用启发式语言，巧妙设喻，顾左右而言他。

让对方感觉到"都是为我好"

刘渊病死，其次子刘聪自立为帝。刘聪的结发妻子刘丽华举止端庄，见识超群，深得刘聪的宠爱，为她兴建凰仪殿，廷尉陈元达腰缠一根上锁的铁链，在逍遥园李中堂上劝谏，阻止兴建。刘聪很不高兴地说："我是皇帝，只是营建一座殿宇，竟然也要你们这些家伙来干涉！今天如果不杀你陈元达，我的殿宇不知要到什么时候才能建成！"于是传令把陈元达和他的妻子、儿女一齐押到东市去斩首示众。陈元达不服，抱着堂下的一棵大树喊道："臣的谏劝是为陛下的江山着想。今天陛下杀了臣，如果臣的魂灵还在，也就心满意足了。将来历史不知道怎样评论陛下呢！"陈元达一面说，一面解开铁链围在树上，把自己紧紧锁在那里。武士们上前拖陈元达不动，刘聪的怒火也越来越旺。

正相持间，在后堂的刘丽华听到这个消息，觉得陈元达的谏劝是正确的，但刘聪正在火头上，也难以要他立即当众改变决定，就悄悄地派了两个中常侍暗示武士们暂时停止对陈元达用刑；同时迅速地亲手写了一纸奏疏，早献给刘聪。疏上这样写道："听说将军为妾营建殿宇，妾十分感激。实际上现有的昭德殿已经足够居住了，并不急于使用新的殿宇。当前陛下的江山还没有统一，国家的困难还很多，这样大量地动用人力、资财，确是必须谨慎对待的事。今天，廷尉陈元达的谏劝不是没有道理的。自古以来，忠臣们大胆地给帝王提意见，并非为他个人打算。当然，帝王们拒绝接受意见，有时也不仅仅是为了自己。妾希望陛下仿效古代英明君主善于接纳臣下谏劝的美德，以那些昏庸君主们拒谏招祸的经历为教训，应该奖赏给陈元达以很高的爵位，用封土酬谢他。怎么能不但不接受他的意见，反而要杀他呢？陛下今天的不愉快，是由妾引起的；陈元达惹下这样的大祸，也是由妾引起的。如果大兴土木，造成民众不满，国家财力亏乏，是妾的责任，陛下杀了陈元达，落下一个拒绝良言、杀害忠臣的话柄，更是妾的责任。自古国破家亡，常常是由妇人挑起，妾每次在史书上看到这些记载，心中都很不好受，甚至恨得饭也吃不下去，想不到今天竟然发生在自己的身上，岂不是让后人评价我，也像我现在评价前人一样吗？妾还有

第七篇 ◆ 会说话才会受欢迎

什么面目再侍奉在陛下左右呢!妾决心死在李中堂内,以杜绝陛下因一时考虑不周而造成的错误。"

刘聪看完奏疏以后,大惊失色,立即对在场的大臣们说:"朕最近偶感寒热,情绪很不稳定。陈元达实在是大忠臣,我这样做,深感惭愧!"说罢,伸手把皇后的奏疏递给陈元达,说:"你看看,朕外有你这样的辅臣,内有这样的皇后,还有什么好担心的呢!"并且立即下令,把"逍遥园"改为"纳贤园"。把"李中堂"改为"愧贤堂",以纪念这件给人教益很深的事。

春秋时期的晋国,自晋文公即位后,发愤图强,国家迅速兴盛起来,成为春秋时的一大强国,晋文公也成了一代霸主。可接下来,晋灵公却不思振作,只图享乐,晋国的霸主地位不知不觉地就被楚庄王代替了。

晋灵公即位不久,便大兴土木,修筑宫室楼台,以供自己和嫔妃们享乐游玩。那一年,他竟挖空心思,想要建造一个九层的楼台。可以想象,在当时那种科学水平、建筑材料、建筑技术等条件下,如此宏大复杂的工程,要耗费多少人力、物力!可灵公不顾一切,征用了无数的民夫,花费了巨额的公款,持续了几年也没能完工。全国上上下下,无不怨声载道,但都敢怒而不敢言,因为这位晋灵公明令宣布:"有哪个敢提批评意见、劝阻修造九层之台的,处死不赦!"谁愿意去送死呢?

一天,大夫苟息求见。灵公料他是来劝谏的,便拉开弓,搭上箭,只要苟息开口劝说,他就要射死苟息。谁知苟息进来后,像是没看见他这架势一样,非常地轻松自然,笑嘻嘻地对灵公说:"我今天特地来表演一套绝技给您看,让您开开眼界,散散心。大王您感兴趣吗?"

灵公一看有玩的,就来神了,忙问:"什么绝技?别卖关子了,快表演给我看看。"

苟息见灵公上钩了,便说:"我可以把12个棋子一个个叠起来以后,再在上面加放9个鸡蛋。不信,请看。"说着,便真的玩起来。他一个一个地把12个棋子叠好后,再往上加鸡蛋时,旁边的人都非常紧张地看着他,灵公禁不住大声说:"这太危险了!这太危险了!"

苟息一听灵公这样说,便趁机进言说:"大王,别少见多怪了,还有比这更危险的呢!"

灵公觉得奇怪,因为对他来说,这样子已经是够刺激、够危险的了,还会有什么更惊险的绝招呢？便迫不及待地说："是吗？快让我看看！"

这时，只听苟息说道："九层之台造了三年，还没有完工。三年来，男人不能在田里耕种，女人不能在家里纺织，都在这里搬木头、运石块。国库的金子也快花完了，兵士得不到给养，武器没有金属铸造，邻国正在计划乘机侵略我们。这样下去，国家很快就会灭亡。到那时，大王您将怎么办呢？这难道不比垒鸡蛋更危险吗？"

灵公一听，猛然醒悟，意识到了自己干得多么荒唐，犯了多么严重的错误，便立即下令，停止筑台。

从以上的事例中不难看出，有良苦的用心还需有良苦用心的表现，让对方知道批评者实际是打心眼儿里欣赏自己、喜欢自己、支持自己或是为了自己着想的等，才能让对方心悦诚服地接受批评。所以批评者首先就要考虑，该批评是否是于对方有益的，能否让被批评者相信按照批评语的要求改进之后，于自身有益。

不能诱之以"利益"的批评，会使被批评的人觉得自己改正行为是为了批评者的利益。于是对批评会有更多的抵触情绪，使原本的一片好心也因方法不当而遭人误会。

就心理学而言，一个批评与被批评的过程是批评者与被批评者在思想、感情上的相互交流与认同的过程。人在批评过程中越是尊重、理解对方的处境，就越能够获得对方对自己批评意见的重视与接受。在发表批评意见中，尊重使人懂得爱护别人的自尊心，维护其面子，不出语伤人，不逞口舌之快；理解使人学会设身处地地去替别人思考问题，讲话不自以为是，不强加于人。在接受批评意见中，尊重使人竭力认同别人批评意见中的有益部分，并予以积极的肯定。人们越是能够尊重理解人，就越能够冷静、客观地面对别人的批评意见。从此意义上讲，尊重、理解是使忠言不逆耳、闻过不动怒的转化条件。

人生感悟

站在对方的立场上考虑问题，是求人成功的最有效的方法之一，运用这个手段求人，关键在于使对方真正感到不按你所说的去做，后果将不堪设想。

夸夸其谈的人不可爱

一次,马克·吐温走进一家教堂听一个牧师说教。说教的目的是为这家教堂募捐。

最初,马克·吐温觉得牧师讲得很有力量,也很感人。于是,他就下定决心,待会儿捐献的时候把自己身上的钱全部掏出来。

可是,十分钟过去了,牧师还在滔滔不绝地讲着。这时,马克·吐温已经觉得牧师的话没有先前那样生动、感人了。牧师的夸夸其谈让他开始有点儿心烦。于是,他决定一会儿捐款时只给些零钱,留下整钱。

又是十多分钟过去了,马克·吐温已经不耐烦了。可那位牧师仍然没有住口的意思。马克·吐温已经记不住牧师在讲什么,他开始憎恶这个牧师。心里说:"一会儿我会一毛不拔。"牧师终于讲完了,当他托着募捐的盘子来到马克·吐温面前时,由于对牧师厌恶,马克·吐温不仅没有捐钱,反而还从盘子中拿走了两元钱。

托尔斯泰讲过,夸夸其谈者往往是知之甚少者,知之甚多者往往沉默寡言。这样的情形很普遍,是因为知之甚少者总是以为他知道的东西便是最重要的东西,于是想讲给所有人听;知之甚多者则知道,还有比他已知的东西多得多的东西,因此他只是当别人需要时才讲,而如果别人不问,他便不讲。

古代燕王喜好精巧的小摆设玩物,有个卫国人投其所好地说:"我能在荆棘的刺尖上刻出一只猴子。"燕王便以优厚的俸禄供养他。一日,燕王渴望一睹荆棘刺上雕刻的猴子。

卫人说:"皇上须过半年的独居生活,这期间要戒酒戒肉,在雨停日出、半明半暗的一天才能看见它。"燕王只好再养着卫国人,等着半年后看刺尖上的猴子。

一位郑国的铁匠听说了这件怪事,就对燕王说:"我是打刀的,只知小玩物是刀子雕刻出来的,被刻的东西一定比刀刃大。荆棘的刺尖上容不下刀刃,哪能在上面刻出一只猴子来呢?"燕王顿悟铁匠言之有理,于是就要查看卫人的刻刀。卫人说:"让我回住房去取吧。"卫人见谎言败露,借机逃走了。

由此可见，夸夸其谈者不仅误己，而且误人、误业、误国。

历史上这样的例子不计其数。战国时期的赵国将领赵括就是一位最具代表性的夸夸其谈者，结果是长平之战赵括丢了四十万大军，赔了自己的性命，更要命的是误了自己的国家。

历史是一面镜子，但在现实生活中，夸夸其谈者仍旧随处可见。对此，波普尔说："受过不充分教育的人的傲慢，就是夸夸其谈，佯装具有我们所不具有的智慧。他的一个诀窍是：同义反复和琐屑之事再加上自相矛盾的胡言。另一个诀窍是：写下一些几乎无法理解的夸大的言辞，不时添加一些琐屑之事。"面对言语的诱惑，人们应该实事求是，不要夸大其词；而对他人是非更是不要人云亦云，处处八卦，把自己变成一个无聊的流言散布者，降低了自己的身份。

人生感悟

夸夸其谈的人就像青蛙，也许会叫得比牛还响，但是他们并不能像牛那样有真正的效用，一旦现了原形就一点儿都不可爱了。

小心！言多必失

俗语说："病从门入，祸从口出。"在日常生活中，因为说话不当产生矛盾的事，可能我们每个人都亲身经历过。

曾看过一段笑话，是这样的：

有一个业务员，花了整个上午的时间，凭着三寸不烂之舌，在他的循循诱导下。客户对他推荐的汽车很是满意。于是，客户想进一步检测完制冷设备后就进行交易。当业务员启动汽车的冷气时，他扬扬得意地对客户说："对吗？这车的冷气很强劲，某市曾发生此类车的冷气冻死人的事件……"

客户未等他说完，连逃带跑就走了。

古人有训："言多必失。"唐朝诗人刘禹锡的《口兵诫》说："我诫于口，唯心之门，毋为我兵，当为我藩。以慎为键，以忍为阖？可以多食，勿以

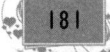

多言。"《尚书·说命》记载：言从口出，一旦不合乎礼仪，就会招致羞辱。同样，《诗经》中也有"有欺不可为"的警句。可见，人们对言多必失是何等的慎诫。

在我国历史上，其结局最荒唐的就是东晋武帝司马曜，竟因酒后的一句戏言被爱妃的婢女闷死。

晋孝武帝司马曜，字昌明，是东晋时期的第九个皇帝。他是晋简文帝的第三个儿子。晋孝武帝4岁时，被封为会稽王。11岁时被立为太子。同年晋简文帝逝，他继位。司马曜年纪虽小，但他对生死却并不看重，面对父亲的死，他的表现十分淡定。大臣们问他为什么不哭，他的答案令人十分震惊："人到最悲痛的时候才哭，照我看是违背人之常情的。"第二年，司马曜便改年号为宁康，一开始由太后摄政。到了14岁时开始亲政，又改年号为太元。当年他改革收税的方法，放弃以田地多少来收税的方法，改为王公以下每人收米三斛，在役的人不交税。到了383年，前秦进攻东晋，试图将其一举灭掉，然而在淝水之战中晋军却大获全胜。

当淝水之战捷报传来，东晋国内一片欢腾，军民歌舞升平。也许是东晋已经很久没有如此大快人心之事了，所以东晋人民也有了空前的凝聚力。如果此时司马曜能趁机抓住机会的话，也许自己就成了东晋王朝的中兴之主。然而，司马曜非常漠然，就像他在父亲的棺前没有一滴眼泪一样，面对大好的机会他无动于衷。不仅如此，司马曜又让另一个权臣司马道子开始干预朝政，使得东晋王朝刚燃起的那一点点希望，又悉数尽灭。

司马道子是司马曜的同母兄弟，司马曜对他这个亲弟弟倒非常好，司马道子9岁时就被封为琅琊王，淝水之战前，年仅20岁的司马道子就被委以录尚书事的重任。为了掌握朝政大权，淝水之战结束后，司马道子便开始倾轧当时与尚书令王彪之一起执掌朝政的尚书兼吏部尚书谢安。这次帮司马道子忙的，正是谢安的女婿王国宝。此人品行恶劣，谢安很讨厌他的为人，不重用他，王国宝为此怀恨在心。王国宝之妹是司马道子的妃子。王国宝经常在司马道子面前说谢安的坏话，司马道子便将这些再添油加醋地说给司马曜听。

由于淝水之战，谢安的大功让很多人眼热，攻击他的人也逐渐多了起来。时间长了，司马曜对谢安的信任便大不如以前。被排挤出建康的谢安于385年不幸病逝。

谢安去世后，司马道子便如愿以偿地掌握了军政大权。但是司马道子渐渐显露出了其政治野心，也开始让司马曜真正感受到朝政的不安，于是两兄弟之间开始有了矛盾。司马曜对其弟的行为很是厌恶，但念及手足情深，也没有处治他。只好任用了一批有名望的亲信大臣，委以重任，以便遏制司马道子的力量。但是，司马道子并不是一个就此罢休的人，他立刻招纳了王国宝、王绪等人为心腹。就这样，在朝廷中形成了结党营私的两股力量。

当然，有了自己重用的人才，这个嗜酒成性的司马曜又一次完全将朝政搁在了一边，成天与最宠爱的张贵人饮酒作乐。

396年的一天，司马曜跟平日一样，与自己最为宠爱的妃子张贵人饮酒取乐。他狂饮不止，并硬要张贵人再陪他对饮。张贵人已经酒足，难以再饮，极力辞谢。他面露愠色，开玩笑地说："你今天如敢违抗君命，拒不陪饮，我可要定你的罪！"张贵人一时火起，恃宠起身顶撞说："妾偏偏不饮，看陛下定我什么罪！"司马曜醉眼蒙眬，起身冷笑一声说："你用不着嘴硬。你已经年近三十，应该废黜了。我有的是年轻貌美的佳人，难道少了你一人就不成？"说到这里，又大口呕吐，喷得张贵人满头满身都是。当晚，张贵人思来想去，一直想着司马曜的这句话。她想到：司马曜的前两个宠妃都因失宠而被打入冷宫，自己失宠是不是也要在冷宫里度过余生？她越想越感到害怕，越想越心不甘。不知从哪里来的胆量和决心，张贵人让侍女拿来一条厚厚的被子，将司马曜紧紧地蒙在了下面。几个侍女重重地压在上面，任凭司马曜拼命挣扎也无济于事，司马曜竟活活被憋死了。

当时，太子司马德宗年弱，专权的司马道子对这件事的发生，根本没有调查的意思，就以张贵人所说的皇帝于睡梦中"魇崩"做为了结论。所以，这件大逆之事，竟不了了之。只可怜，那一年司马曜才35岁。

病从口入，祸从口出。口是三五之门，祸害由此而生。一个不善辞令、口不择言、语言表达上把关不严的人，他所处的环境往往会混乱不堪。对此，古人早就有过先见之明，对后人也有过警示。三国时，杨修善于卖弄小聪明，凡事都愿意开口点破，使得本来就疑心很重的曹操十分反感。最后，终于因道破"鸡肋"的意义，招来杀身之祸。其实，曹操的意思，别人未必不懂。杨修只道是自己聪明，说话不看场合，图误了身家性命。现实生活中，无论什么时候，我们都应注意说话的艺术。不能只图一时之快，不注意言语的轻重对错，任性而为，往往会给自己带来无尽的烦恼！

在中国，素来就有所谓的"逆鳞"之说。也就是说，即使再驯良的龙，也不可掉以轻心。因为在龙的喉部之下约一尺的部位上有"逆鳞"，龙的全身只有这个部位的鳞是反向生长的，如果一不小心触到"逆鳞"，必会被激怒的龙所杀。而其他的部位的鳞任你如何抚摸或敲打都没有关系。所以，我们可以由此推知，无论人格多高尚多伟大的人，身上其实都有"逆鳞"存在。所谓的"逆鳞"就是我们所说的"痛处"，也就是缺点、自卑感。圣人云："论人情，只向薄处求；说人心，只从恶边想。"人往往就是这样，闲言之时，最喜论人长短；言语间，最爱谈人隐私。说者无心，听者有意，祸当从中来。一夜之间，一传十，十传百，流言飞语，往往杀人于无形。

时至今日，我们虽然不再崇尚"沉默是金"的信条，但在某些场合还是以少言为佳。

人生感悟

需要牢记的是：白玉破损了，还可以通过磨砺来修复；可一个人的言语失当，就没有办法去补救了。